建设工程总承包项目管理实务

JIANSHE GONGCHENG ZONGCHENGBAO
XIANGMU GUANLI SHIWU

主 编 李 君
副主编 武果亮
参 编 马 威 李 硕 金举铭

中国电力出版社
CHINA ELECTRIC POWER PRESS

内 容 提 要

　　本书是关于建设工程总承包项目管理的，重点讲解了总承包项目管理组织结构与管理流程，总承包项目设计管理、采购管理、进度控制、分包管理、造价管理、合同管理、质量管理、风险管理等内容，重点关注了工程总承包项目的接口管理需求。本书可以满足业主、工程总承包企业、工程项目管理企业和其他工程项目相关组织对总承包项目管理的共性需要。

图书在版编目（CIP）数据

建设工程总承包项目管理实务/李君主编. —北京：中国电力出版社，2017.1（2021.1重印）
ISBN 978-7-5123-9653-1

Ⅰ.①建… Ⅱ.①李… Ⅲ.①建筑工程承包方式—项目管理 Ⅳ.①TU723.1

中国版本图书馆 CIP 数据核字（2016）第 190048 号

中国电力出版社出版发行

北京市东城区北京站西街 19 号　100005　http：//www.cepp.sgcc.com.cn
责任编辑：周娟华　E-mail：juanhuazhou@163.com
责任印制：杨晓东　责任校对：太兴华
三河市航远印刷有限公司印刷·各地新华书店经售
2017 年 1 月第 1 版·2021 年 1 月第 3 次印刷
787mm×1092mm　1/16·11.75 印张·281 千字
定价：38.00 元

前　言

建设工程总承包项目管理一直是建设行业的重要内容。我国自改革开放以来，在工程建设领域，积累了极为丰富的经验，建筑业进入了蓬勃发展的阶段，特别是工程总承包事业呈现勃勃生机，并取得了举世瞩目的成就。

目前，国家加强一带一路（丝绸之路经济带、海上丝绸之路）建设，加快同周边国家和区域基础设施互联互通建设，这些战略将具体化为道路、铁路、航运等基础设施领域的联通项目，这将为中国总承包工程企业带来巨大的市场机会。

住房和城乡建设部先后印发和出台了《关于培育发展工程总承包和工程项目管理企业的指导意见》及《建设工程项目管理试行办法》，阐述了推行工程总承包和工程项目管理的重要性和必要性，这对推进和调整我国勘察、设计、施工、监理企业的经营结构，加快中国建设工程项目管理与国际接轨，必将产生重要和深远的意义。为了更加规范和深化建设工程项目管理，尽快形成和完善一套具有中国特色并与国际惯例接轨的、比较系统的、具有可操作性的项目管理的理论和方法，培育和造就一支高素质、职业化、国际化的项目管理人才队伍，以适应中国建筑业面临机遇和挑战的需要，真正帮助项目经理掌握项目管理的基本理论和业务知识，提高工程项目管理水平，从而高质量、高效益地搞好工程建设。

编写本书主要是为贯彻落实《关于培育发展工程总承包和工程项目管理企业的指导意见》（建市〔2003〕30号）、《工程项目管理试行办法》（建市〔2004〕200号）、《国务院关于投资体制改革的决定》（2004年7月16日发布）、《建设工程项目经理岗位职业资质管理导则》（建协〔2005〕10号）、《建设项目工程总承包项目管理规范》（GB/T 50358—2006），进行工程项目经理岗位职业资质培训等，提供一份适用的管理性教材。本书大部分内容是关于总承包项目管理的，为了促进总承包项目管理模式的改革，还增加了工程代建制的知识。本书可以满足业主、工程总承包企业、工程项目管理企业和其他工程项目相关组织对工程项目管理的共性需要。本书重点关注了工程总承包项目的接口管理需求。

本书由李君担任主编，武果亮担任副主编，参编为马威、李硕和金举铭。

书中不足或错误之处，恳请读者批评指正，以便进行修改和完善。

编　者

目　　录

第1章　工程总承包基本概念

1.1　工程项目与项目管理类型

1.1.1　工程项目概述

1. 项目的基本概念

工程总承包已经成为工程建设领域十分重要的建设模式。工程总承包是项目承包的一种特殊形式。工程总承包是基于项目管理的基础上发展壮大起来的。项目是工程总承包最基本的概念。

PMI 定义：项目是为完成某一独特的产品或服务所做的一次性努力。

项目是一个过程。项目不是指目的物；建设一座工厂是一个项目，工厂本身不是一个项目。

项目可以是完成一个产品，例如建成一座工厂。项目也可以是一项服务，例如组织一届奥运会。

项目是一次性的任务。项目有明确的开始时间和明确的结束时间。也可说是临时性的任务，任务完成项目就不再存在。

项目所完成的产品或服务是独特的。任何项目的产品都各不相同，生产完全相同产品的任务（如一条生产电视机或汽车的生产线）不能称为项目。

项目是非重复性的。任何项目都不能重复。项目是过程，项目是一次性、渐进地完成的。

2. 工程项目的基本概念

工程项目是项目概念在建设行业的延伸。

（1）工程项目的产品或服务对象是工程。

（2）工程项目以形成固定资产为基本特征。

（3）工程的不同阶段及其组合，都可构成单独的一个项目。

（4）通常一个合同就是一个项目。

（5）不同的管理主体构成各自的项目。

3. 工程项目的基本分类

工程项目过程可分为两类（图 1-1）：

（1）创造工程项目产品的过程（EPC），也可称为产品实现过程。

1）此类过程，项目产品不同，过程也不同，例如工程项目、软件开发项目、医药开发项目，它们创造项目产品的过程各不相同。

2）此类过程，具体描述（设计）和创造（制造和安装）项目产品。

3）此类过程，关注产品功能、特性和质量。

（2）工程项目管理过程（PEC）。

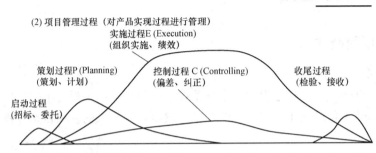

(1) 创造项目产品的过程（产品实现过程）
立项过程F(可研、批准)

设计过程E(文件、图纸)

采购过程P(设备、材料制造供应)

施工过程C(建筑、安装)

开车过程T(产品)

(2) 项目管理过程（对产品实现过程进行管理）
实施过程E(Execution)
(组织实施、绩效)

策划过程P(Planning)　　　控制过程 C (Controlling)　　　收尾过程
(策划、计划)　　　　　　　(偏差、纠正)　　　　　　　(检验、接收)

启动过程
(招标、委托)

图 1-1　工程项目两类项目过程的对应关系

1) 此类过程，对大多数项目都适用，都有相同的管理过程。

2) 此类过程，描述（计划）和组织（管理和控制）项目的各项工作。

3) 此类过程，关注项目的效率和效益。

4. 工程项目基本分类中的特殊模式——工程总承包

EPC 工程总承包的过程中有以下特点：

（1）业主把工程的设计、采购、施工全部委托给一家工程总承包商，总承包商对工程的安全、质量、进度和造价全面负责。

（2）总承包商可以把部分设计、采购和施工任务分包给分承包商承担，分包合同由总承包商与分承包商之间签订。

（3）分承包商对工程项目承担的义务，通过总承包商对业主负责。

（4）业主对工程总承包项目进行整体的、原则的、目标的协调和控制，对具体实施工作介入较少。

（5）业主按合同规定支付合同价款，承包商按合同规定完成工程，最终按合同规定验收和结算。

1.1.2　工程项目管理概述

1. 工程项目管理的内涵

（1）工程项目管理的概念。

工程项目管理的对象是工程项目，它是建设项目管理的一个子系统。它有自己的管理目标、管理任务和组织。

（2）按工程项目不同参与方的工作性质和组织特征划分，项目管理可分为：

1) 业主方的项目管理。

2) 设计方的项目管理。

3) 施工方的项目管理。

4）供货方的项目管理。

5）工程总承包方的项目管理。

2. 业主方项目管理的目标和任务

业主方项目管理的目标包括项目的投资目标、进度目标及质量目标。其中投资目标指的是项目的总投资目标，进度目标指的是项目动用的时间目标，或者说项目交付使用的时间目标。项目的质量目标不仅涉及施工的质量，还包括设计质量、材料质量、设备质量和影响项目运行或运营的环境质量等。质盈目标包括满足相应的技术规范和技术标准的规定，以及满足业主方相应的质量要求。

项目的投资、进度及质量三个目标是对立统一的关系。假设三者处于最优状态，那么它们中任何一个发生变化都会影响这种最佳状态。加快进度和提高质量都需要增加投资，而过度地加快进度会影响质量目标的实现。反之，也可以在其中一个目标保持不变的前提下，来达到优化另外两个目标的目的。在不增加投资的前提下，可缩短工期即加快进度和提高工程质量，这又反映了三者统一的一面。

工程项目的全寿命周期包括项目的决策阶段、实施阶段和使用阶段，其中实施阶段包括设计前的准备阶段、设计阶段、施工阶段、使用前的准备阶段及保修期。由于招投标工作分散在设计前的准备阶段、设计阶段和施工阶段中进行，所以未单独列招标、投标阶段。而业主方的项目管理工作涉及项目实施阶段的全过程。

由于业主方的项目管理工作涉及项目实施阶段的全过程，并且业主方的工程项目管理主要有组织协调、合同管理、信息管理、安全管理及投资控制、质量控制、进度控制七个方面的内容，因此可以分成业主方35项项目管理的任务。

由于工程项目的实施是一次性的任务，因此，业主方自行进行项目管理往往有很大的局限性，首先在技术和管理方面，缺乏配套的力量，即使配备了管理班子，也没有连续的工程任务服务。咨询单位接受工程业主的委托，提供全过程或若干阶段的项目管理服务。

1.2 工程总承包项目

1.2.1 工程总承包概述

1. 工程总承包的定义

建设工程总承包是指从事工程总承包的企业受业主（建设单位）委托，按照合同约定对工程项目的勘察、设计、采购、施工、试运行（竣工验收）等全过程或若干阶段的承包。

2. 工程总承包的界定

工程总承包是项目业主为实现项目目标而采取的一种承发包方式。

在国际上，并不是任何一种将工程项目建设过程中的两个以上的阶段交给一个组织承担的方式都是工程总承包。如美国的设计建造协会（DBIA）对总承包的定义为：设计——建造（Design - Build，以下简称为 DB）模式，也称为设计——施工（Design - Construct）模式或单一责任主体（Single Responsibility）模式。在这种模式下，集设计与施工方式于一体，由一个实体按照一份总承包合同承担全部的设计和施工任务。这里的 DB 模式包含 EPC（Engineering、Procurement、Construction）总承包模式。

由此可见，只有所承包的任务中同时包含设计和施工，才能被称为工程总承包，设计阶段可以从方案设计、技术设计或施工图设计开始，单独的施工总承包或采购＋施工总承包、采购＋设计总承包都不在总承包范围之列。国际上通用的工程总承包模式的承发包范围比较见表1-1。

表1-1　　　　　　　　　　工程总承包模式的工作范围比较

工程总承包模式		合同（工作）内容					
		项目决策	方案设计	初步设计	施工图设计	施工	试运转
DB	施工图设计—施工				▬▬▬	▬▬▬	
	初步设计—施工			▬▬▬	▬▬▬	▬▬▬	
	方案设计—施工		▬▬▬	▬▬▬	▬▬▬	▬▬▬	
	交钥匙	▬▬▬	▬▬▬	▬▬▬	▬▬▬	▬▬▬	▬▬▬

3. 国外十种工程总承包与工程项目管理方式

(1) 设计＋采购＋施工总承包（EPC—Engineering、Procurement、Construction）。

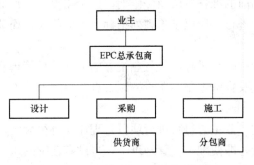

图1-2　EPC（max s/c）合同结构

EPC总承包是指承包商负责工程项目的设计、采购、施工安装全过程的总承包，并负责试运行服务（由业主进行试运行）。EPC总承包又可分为两种类型：EPC（max s/c）和EPC（Self-perform construction）。

EPC（max s/c）是EPC总承包商最大限度地选择分承包商来协助完成工程项目，通常采用分包的形式将施工分包给分承包商。其合同结构如图1-2所示。

EPC（Self-perform Construction）是EPC总承包商除选择分承包商完成少量工作外，自己要承担工程的设计、采购和施工任务。其合同结构如图1-3所示。

(2) 交钥匙总承包（LSTK—Lump Sum Turn Key）。

交钥匙总承包是指承包商负责工程项目的设计、采购、施工安装和试运行服务全过程，向业主交付具备使用条件的工程。交钥匙总承包也可分为两种类型：其一是总承包商选择分承包商分包施工等工作，其二是总承包商自行承担全部工作，除少数必须分包的内容外，一般不进行分包。交钥匙总承包的合同结构与EPC工程总承包的合同结构是相同的。

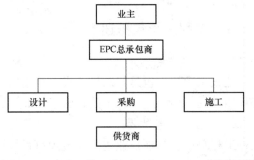

图1-3　EPC（Self-perform Construction）合同结构

(3) 设计、采购、施工管理承包（EPCm—Engineering、Procurement、Construction management）。

设计、采购、施工管理承包是指承包商负责工程项目的设计和采购，并负责施工管理。施工承包商与业主签订承包合同，但接受设计、采购、施工管理承包商的管理。设计、采购、施工管理承包商对工程的进度和质量全面负责。设计、采购、施工管理承包的合同结构如图 1-4 所示。

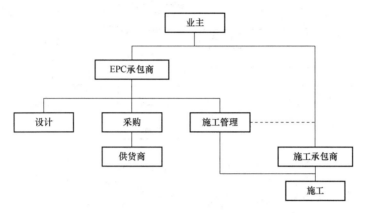

图 1-4 EPCm 合同结构

（4）设计、采购、施工监理承包（EPCs—Engineering、Procurement、Construction Superintendence）。

设计、采购、施工监理承包是指承包商负责工程项目的设计和采购，并监督施工承包商按照设计要求的标准、操作规程等进行施工，并满足进度要求，同时负责物资的管理和试车服务。施工监理费不含在承包价中，按实际工时计取。业主与施工承包商签订承包合同，并进行施工管理。设计、采购、施工监理承包的合同结构如图 1-5 所示。

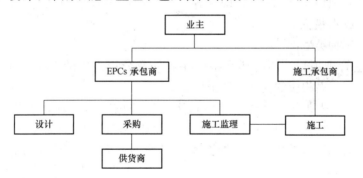

图 1-5 EPCs 合同结构

（5）设计、采购承包和施工咨询（EPCa—Engineering、Procurement、Construction advisory）。

设计、采购承包和施工咨询是指承包商负责工程项目的设计和采购，并在施工阶段向业主提供咨询服务。施工咨询费不含在承包价中，按实际工时计取。业主与施工承包商签订承包合同，并进行施工管理。设计、采购、施工监理承包的合同结构如图 1-6 所示。

（6）项目管理承包（PMC—Project Management Contractor）。

PMC 是指项目管理承包商代表业主对工程项目进行全过程、全方位的项目管理，包括进行工程的整体规划、项目定义、工程招标、选择 E、P、C 承包商，并对设计、采购、施工过程进行全面管理，一般不直接参与项目的设计、采购、施工和试运行等阶段的具体工

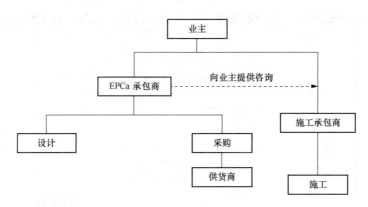

图 1-6　EPCa 合同结构

作。PMC 的费用一般按"工时费用＋利润＋奖励"的方式计取。

PMC 是业主机构的延伸，就从定义阶段到投产全过程的总体规划和计划的执行对业主负责，与业主的目标和利益保持一致。

对大型项目而言，由于项目组织比较复杂，技术、管理难度比较大，需要整体协调的工作比较多，业主往往都选择 PMC 承包商进行项目管理承包。作为 PMC 承包商，一般更注重根据自身经验，以系统与组织运作的手段，对项目进行多方面的计划管理。比如，有效地完成项目前期阶段的准备工作；协助业主获得项目融资；对技术来源方进行管理，对各装置间的技术进行统一和整合；对参与项目的众多承包商和供应商进行管理（尤其是界面协调和管理），确保各工程之间的一致性和互动性，力求项目整个生命周期内的总成本最低。

PMC 可分为三种类型：

1）代表业主管理项目，同时还承担一些界外及公用设施的 EPC 工作。这种方式对PMC 来说，风险高，而相应的利润、回报也较高。

2）代表业主管理项目，同时完成项目定义阶段的所有工作，包括基础工程设计、±10％的费用估算、进行工程招标选择 EPC 承包商和主要设备供应商等。

3）作为业主管理队伍的延伸，负责管理 EPC 承包商而不承担任何 EPC 工作，这种方式的风险和回报都比较小。

PMC 的合同结构如图 1-7 所示。

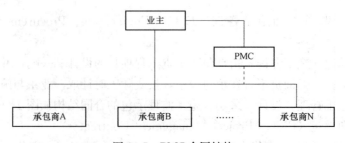

图 1-7　PMC 合同结构

PMC 方式与 EPC 方式的主要区别见表 1-2。

表 1 - 2　　　　　　　　　　　　　　PMC 与 EPC 的主要区别

比较内容	PMC	EPC
工作范围	专业化的服务	具体项目的实施
保证	满足专业标准要求	用好的和最熟练的技巧实施项目
商务	费用补偿	固定总价
角色	业主的机构或代表	独立的承包商
进度	无进度担保	保证完成日期

（7）项目管理组（PMT—Project Management Team）。

PMT 是指工程公司或其他项目管理公司的项目管理人员与业主共同组成一个项目管理组，对工程项目进行管理。在这种方式下，项目管理服务方更多的是作为业主的顾问，工程的进度、费用和质量控制的风险较小。

PMT 的合同结构如图 1 - 8 所示。

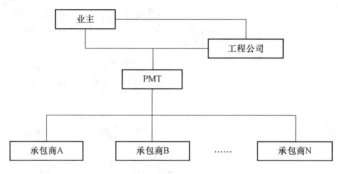

图 1 - 8　PMT 合同结构

（8）设计、采购承包（EP—Engineering、Procurement）。

设计、采购承包是指承包商对工程的设计和采购进行承包，施工则由其他承包商负责。其合同结构如图 1 - 9 所示。

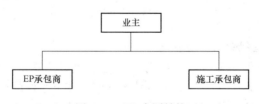

图 1 - 9　EP 合同结构

（9）施工管理（CM—Construction Management）。

施工管理是指承包商代表业主进行施工管理。其合同结构如图 1 - 10 所示。

（10）设计、采购、安装、施工承包（EPIC—Engineering、Procurement、Installation、Construction）。

EPIC 方式是针对海上平台项目来说的，海上平台的安装工作比较复杂、工作量比较大，所以将安装从施工中分离出来，给予特别强调。它的承包内容和合同结构与 EPC 相似。

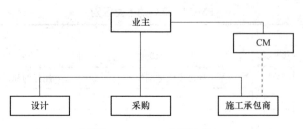

图 1-10　CM 合同结构

4. 国外承担项目总承包的组织形式

国外承担项目总承包的组织机构一般有两种形式：一种是永久组织，即永久性的经济实体，包括以施工企业为主导的总承包实体和以设计企业为主导的总承包实体；一种是临时性的组织，即针对一个具体的项目，由若干个设计单位和施工单位组成的临时性联合体组织，如图 1-11 所示。

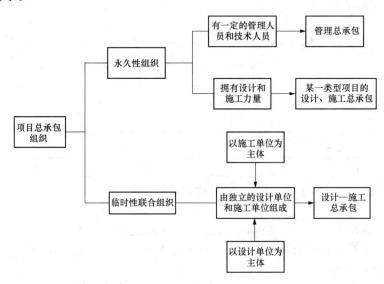

图 1-11　项目总承包的组织形式

5. 国外对工程总承包组织的资质管理

在资质管理方面，国外一般没有专门对项目总承包单位规定资质等级，从市场规律来讲，永久性的总承包单位本来就很少，大多是根据市场需求组建的项目总承包组织，关键是业主是否信任承包商。政府主管部门一般只规定和审查企业的设计方面和施工方面的资格，主要看专业人士和技术方面的力量情况。一个组织，不管是临时性的还是永久性的，只有同时具备设计方面的资格和施工方面的资格就可以进行项目总承包。

对设计或施工资质的管理，主要分两类：一类是以欧美国家为代表，没有政府定级制度，侧重自由竞争，主要靠市场交易主体的相互制约和个人业绩的管理；另一类是以日本为代表，对参与政府工程的企业实行分级，业绩优良的企业允许申报，建设省负责考核并审批其资格。

6. EPC 总承包模式在我国推广的法律及政策、规章依据

法律依据：为加强与国际惯例接轨，克服传统的"设计—采购—施工"相分离的承包模

式，进一步推进项目总承包制，我国现行《中华人民共和国建筑法》（以下简称《建筑法》第二十四条规定："提倡对建筑工程实行总承包，禁止将建筑工程肢解发包。建筑工程的发包单位可以将建筑工程的勘察、设计、施工、设备采购一并发包给一个工程总承包单位，也可以将建筑工程勘察、设计、施工、设备采购的一项或者多项发包给一个工程总承包单位；但是，不得将应当由一个承包单位完成的建筑工程肢解成若干部分发包给几个承包单位。"《建筑法》的这一规定，在法律层面为EPC项目总承包模式在我国建筑市场的推行，提供了具体法律依据。

政策、规章依据：为进一步贯彻《建筑法》第二十四条的相关规定，2003年2月13日，建设部颁布了〔2003〕30号《关于培育发展工程总承包和工程项目管理企业的指导意见》，在该规章中，建设部明确将EPC总承包模式作为一种主要的工程总承包模式予以政策推广。

7. 我国工程总承包及其资质制度的发展

改革开放初期。建设领域开始尝试工程承包和组织方式的变革，1982年，原化工部对江西氨厂改尿素工程实行第一个以设计为主体的工程总承包试点；1984年，原国家计委在总结原化工部工程总承包经验的基础上，将工程总承包纳入了国务院颁发的《关于改革建筑业和基本建设管理体制若干问题的暂行规定》（国发〔1984〕123号），明确提出了对项目建设实行全过程总承包的要求。

20世纪80年代后期。1987年，国家计委等五部委联合颁发《关于批准第一批推广鲁布革工程管理经验试点企业有关问题的通知》。此后，原国家计委、建设部等部委相继下发文件，要求在设计、施工企业组建开展工程总承包试点，并先后批准了94家工程总承包试点企业，指出"试点企业可对工程项目实行设计、采购、施工全过程的总承包"。

20世纪90年代。1992年，建设部颁发了《工程总承包企业资质管理暂行规定》，第一次通过行政法规把工程总承包企业规定为建筑业的一种企业类型，同时颁发了《设计单位进行工程总承包资格管理的有关规定》，对设计单位进行工程总承包资格问题作出了规定；翌年颁发了《关于开展工程总承包资质就位工作的通知》；1997年11月，我国颁布了《中华人民共和国建筑法》，提倡对建筑工程进行总承包，并规定从事建筑活动的主体取得相关资质等级后才可在其范围内从事建筑活动；1999年8月，建设部印发了《大型设计单位创建国际型工程公司的指导意见》（建设〔1999〕218号），先后有560家设计单位领取了甲级工程总承包资格证书。2003年，建设部发布了《关于培育和发展工程总承包和工程项目管理企业的指导意见》，其中规定，只要业主信任，并且具备工程领域设计或施工相应资质，企业就可以承担工程总承包项目的实施工作。

1.2.2　工程总承包的特征

1. EPC总承包模式的基本优势

"EPC"是"设计、采购、施工"的三个英文单词第一个英文字母的缩写。这一模式的规范运作程序源于国际咨询工程师联合会（FIDIC）1995年出版的《设计—建造总承包与交钥匙工程合同条件》，1999年出版的《设计、采购和施工合同条件》以及《生产设备和设计—施工合同条件》等国际工程承包普遍使用的合同范本。

在工程建设承包，尤其是国际工程承包实践中，随着包括建筑技术在内的科学技术的迅猛发展、建筑业主对建设工程的功能要求的日益多样化，建设工程的规模越来越大，复杂程度也越来越高。原来在建筑市场通用的单一"设计—采购—施工"各个环节分离的工程建设传统承包模式，由于存在工程进度衔接不畅、工程质量、责任难以划分等问题，已经越来越不适应形势发展的需要。以由一个总承包商对整个工程设计、建设过程、工程质量、工程造价负责的 EPC 总承包模式应运而生。

EPC 总承包模式的基本特征是通过与传统的"设计—采购—施工"各个环节相分离的建设工程承包模式（以下简称"传统承包模式"）的比较，并通过这种比较优势体现出来的。EPC 总承包模式较传统承包模式而言，具有以下三个方面基本优势：

（1）强调和充分发挥设计在整个工程建设过程中的主导作用。对设计在整个工程建设过程中的主导作用的强调和发挥，有利于工程项目建设整体方案的不断优化。

（2）有效克服设计、采购、施工相互制约和相互脱节的矛盾，有利于设计、采购、施工各阶段工作的合理衔接，有效地实现建设项目的进度、成本和质量控制符合建设工程承包合同约定，确保获得较好的投资效益。

（3）建设工程质量责任主体明确，有利于追究工程质量责任和确定工程质量责任的承担人。

2. 总承包模式的基本特征

基于总承包模式较传统的建设工程承包模式所具有的前述基本优势，其基本特征可以总结为：

（1）在总承包模式下，发包人（业主）不应该过于严格地控制总承包人，而应该给总承包人在建设工程项目建设中较大的工作自由。例如，发包人（业主）不应该审核大部分的施工图纸、不应该检查每一个施工工序。发包人（业主）需要做的是了解工程进度、了解工程质量是否达到合同要求，建设结果是否能够最终满足合同规定的建设工程的功能标准。

（2）发包人（业主）对 EPC 总承包项目的管理一般采取两种方式，即过程控制模式和事后监督模式。

1）所谓过程控制模式，是指发包人（业主）聘请监理工程师监督总承包商"设计—采购—施工"的各个环节，并签发支付证书。发包人（业主）通过监理工程师各个环节的监督，介入对项目实施过程的管理。FIDIC 编制的《生产设备和设计—施工合同条件（1999年第一版）》即是采用该种模式。

2）所谓事后监督模式，是指发包人（业主）一般不介入对项目实施过程的管理，但在竣工验收环节较为严格，通过严格的竣工验收对项目实施总过程进行事后监督。FIDIC 编制的《设计、采购、施工合同条件（1999 年第一版）》即是采用该种模式。

（3）总承包项目的总承包人对建设工程的"设计—采购—施工"整个过程负总责、对建设工程的质量及建设工程的所有专业分包人履约行为负总责。也即，总承包人是 EPC 总承包项目的第一责任人。在传统的承包模式下，建设单位即发包人（业主）则是建设工程质量的第一责任人。例如，在传统承包模式下的由于设计而产生的履约问题，由于初步设计及施工图设计系由建设单位即发包人（业主）认可并办理报建手续，所以，只要承包商的施工符合施工图要求，最终合同约定不能实现的责任要由建设单位即发包人（业主）承担。但在 EPC 总承包模式下，由于初步设计及施工图设计均由总承包商负责完成，所以，即使初步设计及施工图设计系由建设单位即发包人（业主）认可并办理报建手续，但建设单位即发包人（业主）仍不对最终合同约定不能实现的结果承担责任，业主批准设计文件并不解除总承包商的设计责任。与之相对应的是，EPC 总承包商须对建设工程承担严格的设计责任。总承包合同一般规定，"发包人（业主）向总承包人提供的任何数据或资料，不免除总承包人承担的设计、采购、施工责任。总承包人被认为在投标前已经仔细地审查了业主要求。除合同另有约定外，总承包人应该对业主要求（包括设计标准和计算）的正确性负责。"

1.2.3　总承包模式在实践中的几种合同结构形式

在总承包模式下，总承包商对整个建设项目负责，但却并不意味着总承包商须亲自完成整个建设工程项目。除法律明确规定应当由总承包商必须完成的工作外，其余工作总承包商则可以采取专业分包的方式进行。在实践中，总承包商往往会根据其丰富的项目管理经验、根据工程项目的不同规模、类型和业主要求，将设备采购（制造）、施工及安装等工作采用分包的形式分包给专业分包商。所以，在总承包模式下，其合同结构形式通常表现为以下几种形式：

（1）交钥匙总承包。

（2）设计—采购总承包（E—P）。

（3）采购—施工总承包（P—C）。

（4）设计—施工总承包（D—B）。

（5）建设—转让（BT）等相关模式。

最为常见的是第（1）、（4）、（5）这三种形式。

交钥匙总承包，是指设计、采购、施工总承包，总承包商最终是向业主提交一个满足使用功能、具备使用条件的工程项目。该种模式是典型的 EPC 总承包模式。

设计、施工总承包，是指工程总承包企业按照合同约定，承担工程项目设计和施工，并对承包工程的质量、安全、工期、造价全面负责。在该种模式下，建设工程涉及的建筑材料、建筑设备等采购工作，由发包人（业主）来完成。

建设、转让总承包，是指有投融资能力的工程总承包商受业主委托，按照合同约定对工程项目的勘察、设计、采购、施工、试运行实现全过程总承包；同时工程总承包商自行承担工程的全部投资，在工程竣工验收合格并交付使用后，业主向工程总承包商支付总承包价。PPP 项目由承包商实施投资带动工程总承包的模式基本属于这类项目。

1.3　工程总承包项目管理

工程总承包的项目管理主要依据中华人民共和国国家标准《建设项目工程总承包管理规范》（GB/T 50358—2005）和《建设工程项目管理规范》（GB/T 50326—2006）。

1.3.1　工程项目管理基本内容

通过对两本规范的目录内容进行比较，可以得出两本规范的适用范围。两本规范的目录内容比较见表 1-3。

表 1 - 3	两本规范的目录内容比较		
序号 规范	建设工程项目管理规范	建设项目工程总承包管理规范	备注
1	项目范围管理		有、相似
2	项目管理规划	项目策划	相似
3	项目管理组织	工程总承包管理的组织	相似
4	项目经理责任制	(项目管理目标责任书)	
5	项目进度管理	项目进度管理	对应
6	项目质量管理	项目质量管理	对应
7	项目安全管理	项目安全、职业健康与环境管理	对应
8	项目成本管理	项目费用管理	对应
9	项目环境管理	(其他子项含环境管理)	
10	项目采购管理	项目采购管理	对应
11	项目合同管理	项目合同管理	对应
12	项目资源管理	项目资源管理	对应
13	项目信息管理	(其他子项含信息管理)	
14	项目风险管理		有、无
15	项目沟通管理	项目沟通与信息管理	对应
16	项目结束阶段管理		有、无
17		项目施工管理	有、无
18		项目设计管理	有、无
19		项目试运行管理	有、无

通过上述对比可以看出:《建设工程项目管理规范》适用于各类工程现场项目管理,施工总承包管理。《建设项目工程总承包管理规范》适用于以设计单位为主的项目承包管理,特别是 D—B、EPC 类型的项目。

1.3.2 《建设工程项目管理规范》十六项管理之间的关系

1. 覆盖全局的管理工作

项目范围管理:各项管理工作的基础。

项目管理规划:指导项目管理工作的纲领性文件(比施工组织设计更全面完善)。

项目管理组织、项目经理责任制:解决了完成实施管理的组织架构、人员安排及分工。

项目合同管理:是全部专业管理工作的中心,是规范业主、中介、承包人、分包人相互之间的行为规则,是法律性文件。

项目信息管理、项目沟通管理:是全部专业管理工作协调推进的手段。

2. 专业管理工作

项目采购管理、项目进度管理、项目质量管理、项目环境管理、项目成本管理、项目资源管理、项目风险管理、项目收尾管理、项目职业健康安全管理是分工明确、相互联系、相互制约的专业管理工作。

3. 2006 版《建设工程项目管理规范》的特点

（1）体现了国际项目管理的一般规律、工程项目管理的特殊规律和我国的实际情况。

（2）强化了范围管理、采购管理、环境管理、风险管理、沟通管理等规章制度。

（3）"控制"的提法，在新版《规范》中一律称作管理。

（4）进一步强调了项目管理规划的必要性。

（5）明确采购管理的对象是多元化的，不只是传统的资源采购。

（6）强化环境管理，突出风险管理，强调人力资源管理，重视沟通管理。

本规范不仅体现了工程项目管理的系统要求，而且展现了工程总承包的相关管理要求。

4. 2005 版《建设工程总承包项目管理规范》的特点

（1）体现了国际工程总承包项目管理的一般做法、工程项目管理特殊规律和我国的实际情况。

（2）规定了工程总承包的基本工作程序。

（3）强化了工程总承包项目勘察、设计、施工和试运行的接口及其管理方法。

（4）提出了工程总承包项目系统管理的方式和方法。

（5）规定了工程总承包企业在工程总承包项目的责任和权利。

5. 2012 版《工程总承包项目示范合同文本》的特点

（1）体现了工程总承包项目合同管理的基本要求。

（2）规定了工程总承包项目合同双方应遵守的行为规则。

（3）强化了工程总承包项目合同管理的责权利划分。

（4）确定了工程总承包双方合同纠纷的解决方法。

（5）规定了工程总承包项目的工作程序。

第 2 章 工程总承包项目管理的意义和作用

2.1 工程总承包的基本内涵及政策规定

2.1.1 工程总承包的发展及主要特点

1. 工程总承包的发展

我国工程总承包的提出，起源于基本建设管理体制改革。早在 1984 年国务院颁发的《关于改革建筑业和基本建设管理体制若干问题的暂行规定》(国发〔1984〕123 号) 文件中就提出建立工程总承包企业的设想。文件中指出，工程承包公司受建设项目主管部门 (或建设单位) 的委托，或投标中标，对项目建设的可行性研究、勘测设计、设备选购、材料订货、工程施工、直到竣工投产实行全过程的总承包或部分承包。从 1984 年到 1997 年，随着对中国工程总承包模式的不断探索，相关的法规文件也在不断地出台、完善。1997 年，我国颁布的《建筑法》，明确提倡对建筑工程进行总承包，确立了工程总承包的法律地位。

近 20 年，以设计院为核心的工程总承包获得了空前的发展；最近几年，一批施工企业组建的总承包公司也取得了较好的业绩，如中国建筑、中国中铁、中信建设、中石化、中国交通、中材建设等公司，负责对总承包工程的组织实施先后在国内外完成许多项目。

近 20 年来，通过开展工程总承包，一批具有设计、采购、施工一体化的工程总承包企业或企业集团逐步发展起来，这类企业不仅具有较强的设计、采购和施工能力，而且具有很强的融资和项目管理能力，带动了设计、施工企业的改革与发展。如中国环球化学工程公司、中国成达化学工程公司、中国石化工程建设公司等单位按照国际通行的专业分工、工作程序和工作方法，推进设计体制改革，逐步建立和完善 FPC 工程公司的功能和机构，积极开展工程总承包，参与国际竞争，向国际型工程公司发展。经过近 20 年的努力，已将单一功能的设计院改造成为以设计为主导，具备咨询、设计、采购、施工管理、开车服务等多种功能的国际工程公司。中国建筑工程总公司、中铁集团等一批施工企业 (集团)，通过改革和发展，调拨结构，完善功能，开展了工程总承包业务。

发达国家工程总承包是根据市场需要演变和发展起来的，已有近百年历史，并且有继续发展的趋势。国际工程承包基本为总承包。而我国目前总承包合同的比例仍较低。国外开展工程总承包业务的企业大多为国际型工程公司，它们具有以下共同的特点：

(1) 具有工程设计采购施工和项目管理全功能，业务范围涵盖工程项目建设的全过程。

(2) 具有与设计采购施工全功能相适应的组织机构，一般都设有项目控制部、采购部、设计部、施工管理部、试运行 (开车) 部等组织机构。

(3) 具有较强的融资能力。

(4) 拥有先进的项目管理技术和很高的项目管理水平。

(5) 拥有先进工艺技术和工程技术。

(6) 有扎实的基础工作。

（7）重视职工素质及培训。

（8）有国际范围的销售网和采购网。

（9）有高水平的信息管理技术和计算机应用技术等。

2. 工程总承包的主要特点

工程总承包有以下主要特点：

（1）合同结构简单。对项目业主而言，合同结构简单。在工程总承包合同环境下，业主将规定范围内的工程项目实施任务委托给工程总承包公司负责——设计和施工的规划、组织、指挥、协调和控制，总承包公司必须有很强的技术和管理综合能力，能协调自己内部及分包商之间的关系，业主的组织和协调任务量少。

（2）工程估价较难。由于实行设计连同施工总承包，工程总承包的费用包括工程成本费用和承包商的经营利润等，在签订工程总承包合同时尚缺乏详细计算依据，因此，通常只能参照类似已完工程做估算包干，或者采用实际成本加比率酬金等方式，双方商定一个可以共同接受，并有利于投资、进度和质量控制，保障承包商合法利益的结算和支付方案。

（3）不利于设计优化。当采用实际工程成本加比率酬金作为合同计价方式时，由于工程管理等间接成本是根据直接犹的一定比例计取，因此对于设计与施工捆绑在一起承包的情况，不利于设计过程追求最优化方案或节约投资，这也是实行工程总承包的主要弊端。

因此，业主必须委托有经验的社会监理（咨询）机构，实施设计阶段的建设监理，以保证设计过程投资、质量和进度目标控制的贯彻执行。

（4）承包商兴趣高。当采用参照类似已完工程做估算投资包干的情况下，对总承包公司而言风险大，相应地也带来更利于发挥自身技术和管理综合实力、获取更高预期经营效益的机遇，以及从设计到施工安装提供最终工程产品所带来的社会效应和知名度。因此，对承包商而言，一般兴趣高；对业主而言，也有利于选择综合能力强的承包商。但在这种情况下，如何确保设计的质量、工程材料、设备选用的规格标准，就成为一个重要的问题。

（5）信任监督并存。实行工程总承包必须以健全的法律法规、承包商的综合服务能力和质量经营、信誉经营、获得业主的信任为前提，同时还必须推行工程监理制，由工程监理单位为业主提供总承包模式下对工程项目质量控制的有效服务。

2.1.2　工程总承包企业的基本责任

由于工程总承包企业作为工程项目总承包的主体，在工程项目的实施过程中，同时扮演着勘察、设计、采购、施工等多种角色，因此，也就相应地负有我国《建筑法》和相关法规对勘察设计单位、施工企业所规定的法律责任。此外，从行业的角度看，工程总承包企业具有规模大、实力强、管理先进等特点，是整个行业的排头兵，对带动行业的发展起着举足轻重的作用。这里讲的工程总承包的基本责任，主要是讨论工程总承包企业在工程承包过程中所应承担的经济、法律和社会责任。至于它作为一个企业，还应该承担法律所赋予的一般企业责任。

1. 对业主的责任

（1）全面、正确地履行工程总承包合同约定的工作任务，在规定的期限内完成并交付质量符合规定标准的工程目的物。

（2）在工程实施过程，主动配合业主或其工程师（顾问工程师或监理工程师）的工作，认真执行工程师指令，做好各项额外指定的工作并合理确定相关的价款或酬金。

（3）按照规定的要求，及时向业主提交工程实施方案、计划和相关的技术资料，定期向业主报告工程进展情况及质量状况。

2. 对社会的责任

（1）必须严格按企业的资质定位，承包相应等级的工程，参与公平竞争，不得越级承包，不得转包或肢解分包。

（2）必须贯彻执行工程实施过程有关安全、职业健康和环境保护的法律法规及相关政策。

（3）必须坚持建设可持续发展，注意节约资源和能源，合理规划使用建设用地。

（4）必须保持与工程所在地区社会、近邻单位及居民的良好沟通，做到施工不扰民。

3. 对行业的责任

（1）积极研发或采用工程新技术、新材料、新工艺和新设备，不断推动行业技术进步。

（2）坚持诚信经营，树立企业良好的公众形象。

（3）扶植和培育分包企业，在合作过程中进行技术和管理的指导、帮助。

（4）不拖欠分包商工程款或供应商货款。

2.1.3　工程总承包的培育环境

为推行工程总承包制，需要与其相适应的法制、机制和体制等环境条件，即建立健全法律法规体系、合格的市场主体、规范的咨询服务系统及有效的政府监管体制。

1. 健全的法律法规体系

我国现行的工程建设法规体系是以《建筑法》为龙头，由相关行政法规、部门规章和地方性法规、地方规章组成的体系。整体框架可以分为工程法规体系的效力层次和规范内容两个方面。

（1）工程法规体系的效力层次。工程法规体系分中央立法和地方立法两个效力层次。中央立法包括三个层次：法律、行政法规、部门规章。地方立法包括两个层次：地方性法规和地方政府规章。其中，法律的效力高于行政法规、地方性法规、规章；行政法规的效力高于地方性法规、规章。

（2）工程法规体系的规范内容。工程法规体系的规范内容主要包括以下几方面：

1）规范建筑市场准入资格的法规。主要体现在对建筑市场各方活动主体的资质管理，包括勘察设计单位、建筑施工企业、建设监理单位、招投标代理机构等的资质管理。

2）有关工程的政府监管程序的法规，包括招标投标管理法规、建设工程施工许可管理法规、建设工程竣工验收备案等。在该类法规中，还包括了工程现场管理的法规。例如，规范工程施工现场管理规定、建筑安全生产监督管理规定等。

3）规范建筑市场各方主体行为的法规。该类法规侧重于对建筑市场活动行为人（包括作为规范工程活动的母法——《建筑法》），体现其母法地位的重要标志：一是法律层次高，其他任何规范工程建设活动的法规和规章都必须依据《建筑法》制定；二是其规范内容广泛，包括了以上工程建设法规体系所规范的全部内容，既规范了市场准入管理原则、工程建设程序监管，也规定了市场活动行为人的行为规范。

（3）工程法规体系框架结构。现行的工程法规体系的框架结构已经形成了以《建筑法》

《招标投标法》《合同法》为母法，以《建设工程质量管理条例》《建设工程勘察设计管理条例》《注册建筑师条例》等为子法，以系列部门规章为配套的法规体系。各地方出台的地方性法规、政府规章同时作为框架体系的重要组成部分，是调整各地方工程建设活动的重要法律依据。

在上述框架内，应及时补充、修订促进工程总承包的法规和规章制度。

2. 合格的承发包主体

工程总承包在某种意义上说是一种高层次的建筑产品交易活动，如何在招标投标阶段做到公开、公平、公正，取决于承包和发包双方主体的成熟程度，也可以说市场主体合格是一个正常的建筑市场的必然要求。

因此，就我国目前的情况而言，除了培育合格的工程总承包企业之外，还必须通过投融资体制改革，完善建设项目法人责任制等，并辅以建立完善规范的社会化、专业化的工程咨询服务行业，为建设单位提供规范化的服务。建设部〔2003〕30 号文的指导意见，为培育发展建设工程总承包企业指出了方向，有条件的大中型建筑企业、设计单位都应抓住机会，坚持不懈地努力，使自己发展成为合格的工程总承包主体。

3. 规范的咨询服务行业

咨询服务行业属中介服务组织，起到联络各个经济行为主体并为之提供各种服务以保证其正常运行的一种机构。建筑市场现有的咨询服务组织主要有以下几种：

（1）监理、评估咨询。

（2）招标代理、投标和造价管理机构。

（3）审计师、律师、会计师事务所。

（4）公证和仲裁机构、计量和质量检测机构。

（5）学会、协会、研究会等。

（6）报纸、杂志、信息、研究、培训机构。

规范的咨询服务行业要体现其智能性、公正性和服务性。智能性是指用先进的手段、先进的管理，进行专家式的思考，提供科学的分析；公正性是指做到公正、公平、公开；服务性是指为委托人提供满意的服务，最终使委托人提高生产效率或增加效益。

4. 有效的政府监管体制

政府建设主管部门尽管不直接参与工程项目的生产活动，但由于工程产品的社会性强、影响大，生产和管理的特殊性等，需要政府通过立法和监督等有效手段，来规范建设活动的主体行为，维护社会公共利益。政府的监督职能同样也就贯穿于项目实施的各个阶段。

（1）执行建设程序与法规。建设程序科学地总结了我国长期建设工作的实践经验，正确地反映了建设项目内在的客观规律，是不以人们的意志为转移的。过去我们在对待建设程序问题上走了一条曲折高，成效好的道路；反之，违反建设程序，不尊重科学、凭主观意志行事，就会受到客观规律的惩罚，造成建设项目的浪费和损失。因此，要搞好建设工作，政府主管部门必须对建设项目的决策立项和实施过程各个环节实行建设程序的监督。

建设法规是规范建筑市场主体的行为准则。在建设项目运行的过程中，政府部门要充分发挥和运用法律法规的手段，培养和发展我国的建筑市场体系，确保建设项目从前期策划、勘察设计、工程承发包、施工和竣工验收等全部活动都纳入法制轨道。

近年来，国家和有关部门陆续实施了《建筑法》等一系列法律法规，内容涉及建筑市场管理、建设合同管理、从业资格管理、项目代建管理、建设项目法人责任制、承发包管理、工程质量安全管理等，此外，各级地方政府部门也在学习国家法律法规的基础上，结合当地实际情况，制订了各种不同层次的地方建设法规及配套措施，初步形成了以《建筑法》为基本法，其他各类法律法规相辅相成的建设法规体系。

由于我国尚处于社会主义市场经济初级阶段，尤其是建设市场领域广泛、规模大、资源配置复杂等特点，法制建设还相对比较薄弱，依法治理的任务还相当艰巨。

（2）规范建筑市场。建筑市场是由工程承发包交易市场体系与生产要素市场体系、市场中介组织体系、社会保障体系及法律法规和监督管理体系共同组成的生产和交易关系总和。它包括由发包方、承包方和为项目建设服务的中介服务方组成的市场主体，不同形式的建设项目组成的市场客体。

培育和发展建筑市场，规范建筑市场行为，是政府部门转变职能，实现市场宏观调控的重要任务。主要内容有：

1）建筑业法律法规体系的建设。贯彻国家有关的方针政策，建立和健全各类建筑市场管理的法律法规和制度，做到门类齐全、互相配套，避免交叉重叠、遗漏空缺和互相抵触。

2）市场主体从业资格管理。依照企业资质规定，对从事工程勘察、施工、监理、造价、审计、咨询等单位，都必须经过主管部门对其人员素质、管理水平、资金数量、业务能力等资质条件的认证和审查，确定其承担任务的范围，并核发相应资质证书。另外，从事建筑活动的专业技术人员，应当依法取得相应的执业资格证书，并在执业资格证书许可范围内从事建筑活动。

3）工程施工许可和竣工验收管理。符合条件的建设项目在工程开工前建设单位应当按照国家有关规定向当地建设主管部门申请领取施工许可证。否则，不准开工。建设项目施工完成，按照国家有关规定，经审查符合验收条件，由有关部门组织竣工验收，不合格工程不准交付使用。

4）建筑产品价格管理。在目前价格管理体制下，政府部门的工作主要是制定统一的工程量计算方法和消耗量基础定额、制订和修改定额和取费标准、收集和发布市场价格信息和调整指数、监督和检查工程造价定额及标准的实施情况、纠正查处违规行为。

5）建设项目合同管理。对工程项目合同订立过程管理也是政府对建筑市场管理的主要内容，具体包括：制订相应的分包合同文本，合同纠纷的调解和仲裁。

（3）工程质量监督。工程项目质量好坏，不仅关系承发包双方的利益，也关系国家和社会的公共利益，对工程质量监督管理是政府建设主管部门的重要职责。其主要任务有：

1）核查受监工程的勘察、设计、施工单位和建筑构件厂资质等级及营业范围。

2）监督勘察、设计、施工单位和建筑构件厂严格执行技术标准，检查其工程（产品）质量。

3）监督工程质量验收，参与和监督各类优质工程的公正评选。

4）参与工程质量重大事故的处理。

5）总结质量监督工作经验，掌握工程质量状况，定期向主管部门报告。

（4）安全与环保监督。保证建设项目施工安全、保护自然环境、防止污染发生，是关系人民生命财产和切身利益的大事，也是政府主管部门义不容辞的责任和义务。

2.2　工程总承包项目招标投标

我国《建筑法》和《招标投标法》规定了工程的招投标制度，但是目前法律法规及实施细则针对的是绝大多数项目业主习惯的勘察、设计、采购、施工、监理分别招标的传统招标模式，对工程总承包模式的招投标并没有具体规定，事实上某些条款还制约了工程总承包招投标的发展。这是因为工程总承包在我国还是刚刚起步，政府行政管理部门和企业对其发展都还处于认识阶段，因此需要各方共同努力，探索出一套适合目前我国工程总承包发展现状的招投标模式。

2.2.1　工程总承包项目招标

1. 法律法规文件

2000 年 1 月 1 日起正式实行的《中华人民共和国招标投标法》和相继出台的《房屋建筑工程和市政基础设施工程施工招标投标管理办法》（建设部令第 89 号）等多部规范招标投标监督管理的规章以及一些地方政府出台的规范性示范文本和制度，分别在法律层面上、规章层面上和具体操作的层面上规范招标投标活动公开、公平、公正的展开。现行的法律体系规定了工程领域必须进行招投标的五大类项目：第一，有关社会公共利益、公共安全基础设施项目，包括煤炭、石油、天然气、电力、新生能源、交通、信息网络、道路，以及其他的基础建设项目；第二，有关社会公共利益、公共安全的公共事业项目，包括供水、供电、供气等市政工程项目和科学、教育、文化、体育、旅游、商品住宅等项目；第三，使用国有资金的项目；第四，国家融资或授权、特许融资的项目；第五，使用国际组织或外国政府资金的项目。国家近年来出台的主要招标投标法律法规政策见表 2-1。

表 2-1　　　　　　　工程招标投标法律法规

法规名称	颁布部门	颁布时间	备注
中华人民共和国招投标法	主席令	2000 年 1 月 1 日	国家法律
房屋建筑和市政基础设施工程施工招标投标管理办法	建设部 89 号令	2001 年 6 月 1 日	部委法规
建筑工程设计招标管理办法	建设部 82 号令	2000 年 10 月 8 日	部委法规
工程建设项目招标代理机构资格认定办法	建设部 79 号令	2000 年 8 月 3 日	部委法规
工程建设项目施工招标投标办法	七部委 30 号令	2003 年 3 月 19 日	部委法规
评标委员会和评标方法暂行规定	七部委 12 号令	2001 年 7 月 5 日	部委法规
国家重大建设项目招标投标监督暂行办法	计委第 18 号令	2000 年 1 月 10 日	部委法规
工程建设项目招标范围和规模标准规定	计委第 3 号令	2000 年 5 月 1 日	部委法规

2. 功能描述书

传统的施工投标的前提是施工图纸已完成。业主通常在设计完成以后，有了图纸和分部分项工程说明以及工程量清单才进行招标，这种招标称为构造招标。而现在的施工投标中有一种情况是，施工单位依据已完成的施工图纸对项目进行投标，合同签订后施工单位按图施工，在施工过程和竣工以后的检查项目的前期工作、设计和施工以及多种多样在图纸尚未完善情况，甚至可能还没有一张图纸情况下进行的承包。这种方式要求承包者在施工图纸完成前，就提前进入项目运作状态，这种情况是施工招标所无法解决的问题。那么，业主应该依据什么来进行招标、评标进而签订合同呢？如何进行项目管理呢？根据国内外的工程总承包的实践，这一模式在招标时的关键依据应该是工程项目的功能描述书以及有关的要求和条件说明，这种招标叫作功能招标。

在功能招标模式中，功能描述书是对所招标项目各个部分预期功能的详细描述，是招标文件的主要组成部分。功能描述得越清楚越有利于招标工作在客观公正的条件下顺利完成。功能描述书制定得是否合理、明确，是关系总承包项目质量的关键性因素。可以说，业主采用总承包模式组织建设是否成功，就看他是否具有足够的功能招标能力。因此，在实行总承包模式条件下，业主一般要聘请专业化的项目管理公司协助其完成这一工作。关于功能描述书的内容、形式、要求和条件，限于篇幅，在此不详细介绍了。

2.2.2　工程总承包项目的招标方式

世界贸易组织的《政府采购协议》（采购是广义的，包括工程及相关服务）分为公开招标、选择性招标和限制性招标。而目前我国工程项目的招标方式根据招标范围可以划分为两种：公开招标和邀请招标。

1. 公开招标

公开招标是由招标单位通过报纸杂志、电视、网络等方式发布工程招标的公开信息，有兴趣的供应商都可以参加资格预审，合格的供应商即可购买招标文件，参加投标。采用这种方式时，业主选择机会多，也有利于降低工程造价，提高工程质量和缩短工期。但是组织招标工作量大，招标过程较长。因此，主要运用于项目投资额度大、工程要求高、建设规模比较大的工程项目。目前我国规定，被纳入招投标范围的有五类在建项目，如施工合约在人民币 200 万元以上；重要设备采购单项合约估价在人民币 100 万元以上；勘察、设计、监理等服务单项合约估价人民币 50 万元以上；或者在上述限额以下，但工程总造价 3000 万元以上的均须采用公开招标方式。

2. 邀请招标

邀请招标类似世界银行的选择性招标采购，是指通过公开程序，邀请供应商提供资格文件，只有通过资格审查的供应商才能参加后续招标；或者通过公开程序，确定特定采购项目在一定期限内的候选供应商，作为后续采购活动的邀请对象。选择性招标方式确定有资格的供应商时，应平等对待所有的供应商，并尽可能邀请更多的供应商参加投标。这种方式目标集中，招标工作量相对较小，但业主选择余地也相对较小。

除了这两种主要方式，在某些技术含量高、施工工艺复杂的大型工程项目招标中，还经常采用两阶段招标的方式，即供应商先投"技术标"，由评标机构对其技术方案进行评标，通过的才允许投"商务标"。这种方式花费的时间比较长，只有在十分必要的时候才采用。

2.2.3　工程总承包项目的招标程序

业主在进行工程总承包项目的招标时，除了参考目前我国施工项目的招标程序外，还可以参考国际咨询工程师联合会 1999 年版 FIDIC 推荐的招标程序，该招标程序如图 2-1 所示。

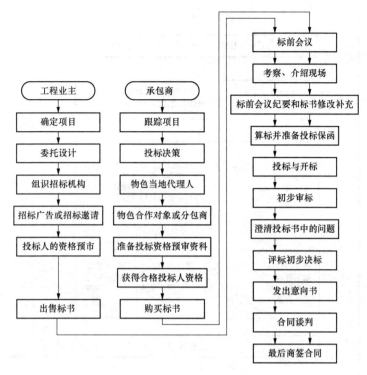

图 2-1　国际工程招标程序

（1）业主或监理工程师在媒体上发布投标资格预审公告。

（2）对招标项目感兴趣的承包商报名参加资格预审，书面回答有关组织机构、从事招标项目同类工程的经验、拥有资源（管理能力、技术力量、劳务、设备等）及财务状况。如图2-2所示。

（3）业主或监理工程师分析资格预审资料，确定合格者名单，颁发招标文件，包括招标承包商关于考察现场和答疑的安排。

（4）承包商研究招标文件，考察现场，书面提出要求业主或监理工程师澄清的问题。

（5）业主或监理工程师召开标前会，回答承包商提出的问题，并对招标文件做出补遗（如果有的话），这些回答和补遗须以书面形式发给投标的每一承包商，作为招标文件的组成部分。

（6）承包商编制投标书，在招标文件规定的投标截止时间之前将标书送达指定地点，取得回执。在投标截止期之前3天，业主或监理工程师应通知其标书尚未送达的投标者。在投标截止时间以后到达的标书一律原封退回投标者。开标前，要保证按期提交的标书的安全。

（7）开标。可以公开开标，也可以秘密开标。应宣布并记录投标者的名称及标价，如实记录。如图2-3所示。

（8）评标。国际工程承包市场的投标，通常由监理工程师代表业主对投标书技术、商务与合同三方面进行审查分析。其首要任务之一是核实投标书的计算是否正确，并纠正每一个错误；其次是检查投标书填写是否完备，要求提交的资料是否齐全，以及所有事项是否与招标文件条款规定一致。如果没有明显的错误、遗漏或不一致，则可与标价最低者或再加一两名次低者商谈，要求澄清需进一步澄清的某些问题，并就处理上述问题达成一致意见，但投标者不得改变其投标书的实质性内容（指标价、工期、付款条件等）。

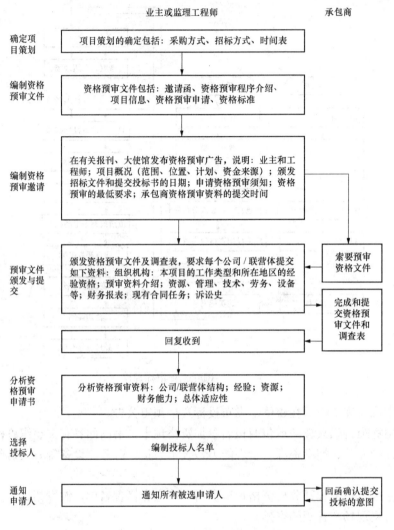

图 2-2　FIDIC 为投标人资格预审使用的程序

（9）授予合同。监理工程师完成评标并对提出的问题获得必要的澄清之后，即可向业主推荐中标者并提出授予合同的建议。业主如同意，则向中标者发出中标通知书，要求他在约定期限内签订合同，并提交履约保证金或担保书。在大多数情况下，业主的中标通知书连在某些国家，有了投标书和中标通知书以后，要产生一个有约束力的合同，法律要求要有一个合同协议。为此，FIDIC《招标程序》也提供了合同协议格式范本。

此外，世界银行和亚洲开发银行也分别编发了《信贷采购指南》和《贷款采购准则》，指导使用两行贷款的会员国单位正确进行招标采购（包括工程建设项目的实施）。这些文件的内容与 FIDIC《招标程序》基本相同，所不同者主要是招标文件在发布之前须报经贷款行审核同意；开标后，评标情况、选定中标者授予合同的理由以及签署合同的副本也要报贷款行审查。世界银行还规定，投标商要做出遵守借款国有关反欺诈、反贿赂法律的承诺，违反者即使已被授予合同也无效；对于借款国本国的承包商，还允许给以 7.5% 的优惠，即对同等的外国承包商的报价增加 7.5% 以后，再与借款国本国的承包商进行评比。

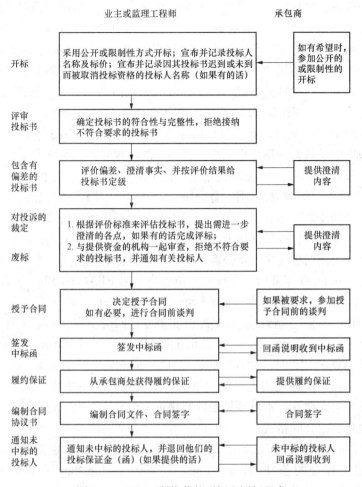

图 2-3　FIDIC 所推荐的开标和评标程序

2.2.4　工程总承包项目的合同条件

根据不同的总承包模式应该采用不同的项目合同条件。为了应用方便，市场经济发达的国家和地区使用的建设工程合同一般都有标准格式，即适用于本国本地区的合同文本，如美国建筑师学会制订发布的"AIA 系列合同条件"，英国土木工程师学会编制的"ICE 合同条件"和国际咨询工程师联合会编写的"FIDIC 土木工程施工合同条件"等。而目前国内工程总承包领域还没有制定出与国际接轨的管理标准、实施细则和标准合同文本。采用工程总承包模式建设项目的业主可以根据情况，在签订合同时参考国外的一些标准合同文本。这里着重介绍应用最为普遍的 FIDIC 合同条件。

FIDIC 合同条件始于 1957 年，当时由国际房屋建筑和公共工程联合会〔现在的欧洲国际建筑联合会（FIEC）〕在英国咨询工程师联合会（ACE）颁布的《土木工程合同文件格式》的基础上出版的《土木工程施工合同条件（国际）》（第 1 版）（俗称"红皮书"），常称为 FIDIC 条件。

该条件分为两部分：第一部分是通用合同条件，第二部分为专用合同条件。在之后的几十年里不断完善成熟，更新版本，其国际影响越来越大，在很多国家得到了推广应用。

目前最新版《菲迪克（FIDIC）合同条件》是 1999 年 9 月出版的，这是 FIDIC 在对几十年应用经验的基础上，作了全面改进后推出来的全新版本。新版的 FIDIC 合同条件一改过去以工程类型冠名、按适用的工程类型划分合同条件的旧模式，采用了按不同的工程承包和项目管理模式划分合同条件的方式，业主可以根据具体的承包模式选用合适的合同条件。在实际操作过程中，新版 FIDIC 合同条件也更具有灵活性和易用性，如果通用合同条件中的某一条并不适用于实际项目，那么可以简单地将其删除，而不需要在专用条件中特别说明。编写通用条件中子条款（用户根据需要选用）的内容时，也充分考虑了其适用范围，便于其适用于大多数合同。其中，"新红皮书"、"新黄皮书"和"银皮书"均包括以下三部分：通用条件/专用条件编写指南/投标书，合同协议，争议评审协议。各合同条件的通用条件部分都有 20 条款。"绿皮书"则包括协议书、通用条件、专用条件、裁决规则和应用指南（指南不是合同文件，仅为用户提供使用上的帮助），合同条件共 15 条 52 款。鉴于其在更好地适应可持续发展和协调保护业主、承包商及社会公众各方利益需要等方面都做出了改进，世界银行作出决定，从 2003 年开始，所有工程项目将采用 FIDIC 的 1999 年第 1 版合同条件。这套 FIDIC 合同体系包括一套 4 本全新的标准合同条件，分别是：

（1）《施工合同条件》（新红皮书），即由业主设计的房屋和工程施工合同条件（Conditions of Contract for Cons truction for Building and Engineering Works Designed by the Employer）。适用于传统的"设计—招标—建造"（Design—Bid—Construction）建设履行方式。业主提供设计；承包商根据业主提供的图纸资料负责设备材料采购和施工；咨询工程师监理，按图纸估价，按实结算，不可预见条件和物价变动允许调价。是一种业主参与和控制较多，承担风险也较多的合同格式。

（2）《生产设备和设计—施工合同条件》（新黄皮书），即由承包商设计的电气和机械设备安装和建筑或工程合同条件（Conditions of Contract for Plant and Designed-Build for Electrical and Mechanical Plant and Building and Engineering works Deigned by the Contractor）。适用于"设计—建造"（Design—Construction）建设模式。承包商负责设备采购、设计和施工，咨询工程师负责监理，总额价格承包，但不可预见条件和物价变动可以调价，是一种业主控制较多的总承包合同格式。与《施工合同条件》相比，《生产设备和设计—建造合同条件》最大区别在于业主不再将合同的绝大部分风险由自己承担，而将一定风险转移至承包商。因此，如果业主希望：

1）在一些传统的项目里，特别是电气和机械工作，由承包商作大部分的设计，如业主提供设计要求，承包商提供详细设计。

2）采纳设计—建造履行程序，由业主提交一个工程目的、范围和设计方面技术标准说明的"业主要求"，承包商来满足该要求。

3）工程师进行合同管理，督导设备的现场安装以及签证支付。

4）执行总价合同，分阶段支付。那么，《生产设备和设计—施工合同条件》（新黄皮书）将适合这一需要。

（3）《设计采购施工（EPC）/交钥匙项目合同条件》（银皮书）（Conditions of Contract for EPC/Turkey projects）。适用于承包商承担全部设计、采购和施工，直到投产运行，这是目前总承包的主要模式之一。主要用于建设项目规模大、复杂程度高、承包商提供设计、承包商承担绝大部分风险的情况。合同规定价格总额包干，除不可抗力条件外，其他风险都由承包商承担；业主只派代表管理，只重最终成果，对工程介入很少。是较彻底的交钥匙总承包模式。

《EPC/钥匙项目合同条件》范本与其他三个合同范本的最大区别在于，在《EPC/交钥匙项目合同条件》下业主只承担工程项目的很小风险，而将绝大部分风险转移给承包商。这是由于作为这些项目（特别是私人投资的商业项目）投资方的业主在投资前关心的是工程的最终价格和最终工期，以便他们能够准确地预测在该项目上投资的经济可行性。所以，他们希望少承担项目实施过程中的风险，以避免追加费用和延长工期。因此，当业主希望：

1）承包商承担全部设计责任，合同价格的高度确定性，以及时间不允许逾期。

2）不卷入每天的项目工作中去。

3）多支付承包商建造费用，但作为条件承包商须承担额外的工程总价及工期的风险。

4）项目的管理严格采纳双方当事人的方式，如无工程师的介入。

那么，《EPC/交钥匙项目合同范本》（银皮书）正是所需。另外，使用 FPC 合同的项目的招标阶段给予承包商充分的时间和资料使其全面了解业主的要求并进行前期规划、风险评估的估价；业主也不得过度干预承包商的工作；业主的付款方式应按照合同支付，而无须像"新红皮书"和"新黄皮书"里规定的工程师核查工程量并签认支付证书后才付款。

《EPC/交钥匙项目合同条件》特别适宜于下列项目类型：

1）民间主动融资 PFI（Private Finance Initiate），或公共/民间伙伴 PPP（Public/Private Partnership），或 BOT（Built Operate Transfer）及其他特许经营合同的项目。

2）发电厂或工厂且业主期望以固定价格的交钥匙方式来履行项目。

3）基础设计项目（如公路、铁路、桥、水或污水处理石、水坝等）或类似项目，业主提供资金并希望以固定价格的交钥匙方式来履行项目。

4）民用项目且业主希望采纳固定价格的交钥匙方式来履行项目，通常项目的完成包括所有家具、调试和设备。

（4）《简明合同格式》（绿皮书）（Short Form of contract），综合上述几种模式，承包商可以根据业主或业主代表提供的图纸进行施工，也适用于部分或全部由承包商设计的土木、电气、机械和建筑设计的项目。但工程多为投资规模相对较小的民用和土木工程，其造价低、工程相对简单、施工周期短。合同格式的最大特点就是简单，合同条件中的一些定义被删除了而另一些被重新解释，专用条件部分只有题目没有内容，仅当业主认为有必要时才加入内容，没有提供履约保函的建议格式。同时，文件的协议书中提供了一种简单的"报价和接受"的方法以简化工作程序，即将投标书和协议书格式合并为一个文件，业主在招标时在协议书上写好适当的内容，由承包商报价并填写其他部分，如果业主决定接受，就在该承包商的标书签字，当返还的一份协议书到达承包商处的时候，合同即生效。合同条件中关于"业主批准"的条款只有两款，从而在一定程度上避免了承包商将自己的风险转移给业主。通过简化合同条件，将承包商索赔的内容都合并在一个条款中，同时，提供了好几种变更估价和合同估价方式以供选择。在竣工验收、工程接收、修补缺陷等条款方面也和其他合同文本有一定的差异。

以上四种合同格式，反映了几种主要的工程承包和项目管理模式，都适用于土木、机械、电气等各类工程。可根据业主管理上的需要任意选择。

业主在选定某一种合同条件后，还可以根据实际情况参照其他合同格式在合同专用条款对有关内容进行详细规定，如设计（或部分设计）由谁做、价格（或部分价格）是包干还是可调、雇主和承包商各承担多少风险等，以适应各种项目管理模式的需要。

2.3 工程总承包项目实施规划

工程总承包的实施规划是总承包企业用以指导总承包项目实施的纲领性文件。由于总承包项目的实施规划是在无设计文件的条件下进行编制，因此，它是在逐步完善和深化的过程中形成的，而且我国目前实行建设工程总承包模式的项目尚不普遍，没有现成的规定和要求，需要在实践中探索和积累经验。

2.3.1 工程总承包项目管理组织规划

工程总承包的管理组织，从狭义而言，是指工程总承包企业为履行工程项目总承包合同而组建的项目管理机构；从广义说，还包括由工程总承包方合法发包的设计分包和施工分包企业的相应项目管理组织机构。本节着重对总承包项目管理组织的基本特点、组织机构模式、工作制度、运行机制以及组织沟通等内容进行论述。

1. 工程总承包项目管理组织的基本特点

（1）组织的一次性。工程总承包项目管理组织是为实施工程项目管理而建立的专门组织机构，由于工程项目的实施是一次性的，因此，当工程项目完成，其项目管理组织机构也随之而解体。

（2）管理的自主性。工程总承包项目的管理组织是根据全面履行工程总承包合同的需要和实现工程总承包企业工程经营方针和目标的需要，由工程总承包企业组建并得到其企业法人授权的工程项目管理班子。其管理的最终目标是，在合同规定的建设周期内，全面完成工程勘察、设计、采购及施工任务，交付符合质量标准的工程产品，实现企业预期的经济效益。所谓自主性，是指在工程总承包合同和相关法规的约束下，自主确定资源的配置方式和内部管理模式，充分发挥工程总承包的技术和管理的综合优势。

（3）职能的多样性。工程总承包项目管理的职能是由它的任务所确定的，包括勘察设计管理、工程采购管理和工程施工管理的全过程项目管理；从目标控制方面来说，包括质量、成本、工期和安全、职业健康及环境保护等方面的目标控制与风险管理。因此，其管理组织的人员结构和知识结构要求较高。

（4）人员的动态性。工程总承包项目管理组织，不但需要按照精干、高效、因事设岗的原则进行设计，而且需要根据项目实施任务展开的不同阶段，动态地配置技术和管理人员，以降低管理成本。通常情况下，工程总承包项目管理组织采用矩阵制的组织结构，即工程总承包项目管理组织所需要的人员，包括技术、经济、法律和管理人员，从企业相关职能业务部门选派，可以根据项目实施各阶段动态地确定项目管理人员的组成结构和数量。

（5）体系的独立性。工程总承包项目管理组织在实施项目管理期间，须保持体系的相对独立性，主要表现在它必须建立健全一整套适用于本项目需要的管理制度和机制，例如，项目内部的领导制度、人事制度、用工制度、考核制度、薪酬制度以及其他各项工作制度等。尤其是当项目远离企业本部时，或者企业把该项目作为新事业发展时，这种独立性就更大。

（6）结构的系统性。工程总承包项目管理组织的结构，通常按主要专业业务划分不同的管理部门，形成业务管理子系统，如勘察设计部、材料物资部、计划财务部、机电动力设备部等，并设立部门经理。这些子系统的功能覆盖着项目全过程和全面管理的各项职能。

2. 工程总承包项目管理组织的结构模式

对工程总承包项目管理组织结构模式，必须从三个方面进行考察，即工程总承包项目管理组织与工程总承包企业组织的关系，工程总承包项目管理组织自身内部的组织结构，工程总承包项目管理组织与其各分包单位管理的关系。

（1）工程总承包项目管理组织在其企业内部的组织结构——矩阵式。

当企业在一个经营期内同时承建多个工程项目时，企业对每一个工程项目都需要建立一个项目管理结构，其管理人员的配置，根据项目的规模、特点和管理的需要，从企业各职能业务部门中选派，从而形成各项目管理组织与企业职能业务部门的矩阵关系，如图 2-4 所示。

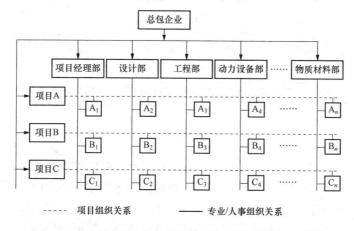

图 2-4　工程总承包企业内部的项目管理组织矩阵式结构

矩阵式组织结构的主要特点在于可以实现组织人员配置的优化组合和动态管理，实现企业内部人力资源的合理使用，提高效率、降低管理成本。

（2）工程总承包项目管理组织内部的组织结构——职能式。

所谓职能式在项目总负责人下，根据业务的划分设置若干职能业务部门，构成按基本业务分工的职能式组织模式，如图 2-5 所示。

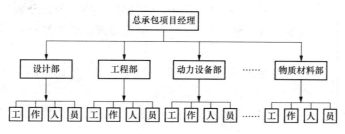

图 2-5　工程总承包项目管理的职能式组织结构模式

职能式组织结构的主要特点是，职能业务界面比较清晰，专业化管理程度较高，有利于管理目标的分解落实。

（3）工程总承包项目管理组织与其各分包单位之间的组织结构——直线职能式。

工程总承包项目管理组织与其勘察、设计、施工、供应商等各分包单位之间，根据合同结形成管理与被管理关系，在总分包的情况下，总承包方是工程任务的发包方，总包与分包之间如同业主与承包商的关系，此时分包商也是一个独立经营的企业，同样需要在履行分包合同的过程中，实现自主管理的增值目标。因此，在总分包之间，通常形成直线职能式的组织结构模式，如图2-6所示。

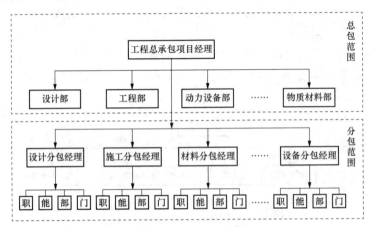

图 2-6　总分包间的直线职能式组织结构

在总分包直线职能式组织机构中，总承包方根据项目整体管理的需要，在分包合同条件规定的范围内，有权对分包商下达有关指令，像这种指令必须由总承包方经企业法人授权的项目经理签发，分包方接受此类指令必须执行。总承包方项目管理职能部门，同样根据项目整体管理的需要，对分包商的日常项目管理业务进行指导、沟通和协调；对分包方履行分包合同的行为提出意见、建议、劝阻、希望或要求，但不作为指令，只供分包商自主管理和决策参考。

3. 工程总承包项目管理组织的工作制度

建立健全的工作制度是总承包项目管理组织有序运行，实现工程总承包项目管理任务目标的基本保证。工程总承包项目管理组织的主要工作制度应包括：

（1）工程总承包项目管理的领导制度。工程总承包管理组织实行总承包企业法人授权下的项目经理责任制，设立项目总经理、总工程师（根据项目的需要，必要时也设总经济师和总会计师）和部门经理，如设计经理、采购经理、施工经理、设备经理、财务经理等，组成总承包项目经理班子。

项目总经理是总承包企业法定代表人的代理，也是项目实施的最高管理者、组织者和决策者。

项目经理班子是总承包项目管理组织的领导层和决策层。部门经理对部门职能业务管理负总责。

项目领导层的议事方式通常采用例行的办公会议和文件、报告、提案流转审批制度。对项目管理中的重大问题采用办公会议集体决策。

（2）工程总承包项目管理的技术工作责任制度。工程总承包项目管理组织必须建立以总工程师为领导的技术工作责任制度，其主要内容和作用是：

1）明确技术工作的分工和管理职责。

2）做好技术基础工作。

3）贯彻执行技术法规、技术政策和技术标准。

4）推广应用新技术、新工艺、新设备、新方法，促进技术进步，提高企业技术竞争力。

5）审核项目实施的有关技术方案和措施。

6）处理工程技术质量问题。

7）做好技术档案资料和情报工作等。

（3）工程总承包项目管理的经济核算制度。工程总承包项目管理组织必须根据本企业生产经营体制和制度的要求，建立项目经济核算制度，为规范项目的成本和效益管理提供指导和依据。项目经济核算制度主要包括以下各项：

1）项目核算的组织与工作流程。

2）项目成本核算和效益管理的基本原则。

3）项目责任目标成本的分解方法和控制部门的落实。

4）项目分包采购的预付、结算报告审批权限及其原始凭证的流转与归集办法。

5）项目成本分析预测和成本报告编制的要求。

6）项目成本责任目标的考核与评价方法等。

（4）工程总承包项目管理的财务管理制度。工程总承包项目的财务管理是根据项目经济核算制的原则，对项目资金（工程款）进行独立管理和财务会计核算，做好工程款的使用计划、工程结算、资金回收、调度安排，确保工程进度的资金条件，为工程项目的成本控制和生产经营过程增收节支提供指导服务。其主要的制度应有：

1）合同订立、签证和合同管理制度。

2）合同付款流程和审批制度。

3）管理费用报销审批制度。

4）流动资金管理制度。

5）合同变更管理制度。

6）工程变更索赔管理制度。

7）其他必要的财务工作制度。

（5）工程总承包项目管理的分包采购管理制度。加强建设工程项目的分包与材料设备物资的采购管理，是工程总承包项目管理的重要内容，它将影响着工程项目的质量、进度和成本目标，因此，必须予以高度的重视。建立健全总承包项目的分包采购管理制度，主要内容包括：

1）明确规定工程任务（含勘察、设计、施工）采用分包时应考虑的基本问题。如需要专利技术、让更有经验者分担风险、增加资源投入、加快进度、提携合作伙伴等。

2）对分包商的联络、考察、评定和选择批准程序。

3）分包合同条件应坚持的基本原则、订立程序和管理要求。

4）材料设备采购的工作程序和管理要求。

（6）工程总承包项目管理的工程例会制度。工程例会制度是在工程项目实施过程中，进行组织协调的有效手段。所谓例会，它是一种制度化的定期会议制度，通常采用周（旬）例会和月例会的方式。按照例会出席者的范围分，有工程总承包项目管理组织内部的例会，如领导层例会（项目经理办公会议）、职能业务组织和准备工作有明确的要求，内容包括：

1）例会的日期、时间和地点。

2）例会的主持人、记录人和出席者名单。

3）例会的主要议程，指定发言人的时间分配。

4）例会前必须准备的资料、文件、图表（分必备和酌情准备）。

5）例会的议事时间及主持人的总结说明时间分配。

6）例会记录的整理、会签和分发及保管要求。

4．工程总承包项目管理组织的运行机制

工程总承包项目管理组织模式架构的设计构成了组织管理运行的载体，组织制度规范了组织管理运行的行为，然而，更重要的是要有健全的组织运行机制，包括动力机制、约束机制及反馈机制。

（1）组织运行的利益驱动机制。工程总承包项目管理组织系统的活力在于它的运行机制，而运行机制的核心是动力机制，动力机制来源于企业的经营理念、方针、目标、社会责任和经营利益的驱动。追求经济利益或效益是根本，包括工程总承包企业利益和项目管理者的个人利益。因此，工程总承包企业必须通过深化企业内部管理体制改革，建立以项目管理为重心的责任、权利关系，全面调动企业与项目管理者的积极性，为项目管理的运行注入动力。

（2）组织运行的行为约束机制。没有约束机制的项目管理组织系统无法控制使项目管理目标处于受控状态，约束机制取决于组织行为的自我约束能力和组织外部（包括企业、政府、业主、监理）的监控效力。因此，工程总承包项目经理部及其所有管理者的经营理念、责任意识、职业道德及工作能力的提高，对于增强项目管理组织系统的运行机制是极其重要的。行为约束机制的另一层作用是保证工程总承包项目在承包条件不十分具体、隐含风险因素多、信息不对称的情况下，坚持企业的诚信行为。

企业经营和项目管理的利益追求是市场经济的基本规律，而谋取利益的手段和途径无非是两大方面：一是靠组织技术和管理综合优势的充分发挥，在生产经营过程中扬长避短、化解风险、诚信经营、实现知识和劳动的增值；二是靠投机取巧、偷工减料、坑蒙诈骗。君子爱财，应取之有道，这才是现代企业的经营理念。第二种途径是绝对不可取的。

（3）组织运行的信息反馈机制。运行的状态和结果的信息反馈，是进行系统控制能力评价，并为及时做出处置提供决策依据。因此，必须保持项目管理过程中各类信息的畅通、及时和准确，同时提倡项目管理者深入生产一线，掌握第一手资料。

2.3.2 工程总承包项目管理的工作任务规划

1．工程总承包项目管理任务规划的类型

工程总承包项目管理任务规划，根据编制的时间、内容和深度的不同，从规划的概念上说，基本上分成两大类，即基本实施规划（指导性规划）和详细实施规划（实施性规划）。但从规划功能的延伸和计划管理的衔接上来说，有必要对修正性实施规划和具体管理计划也一并作说明。

（1）基本实施规划。基本实施规划是在工程总承包项目的招投标阶段，由投标企业根据招标文件的要求进行编制。它作为投标文件的重要组成部分，向招标人说明承担该项目建设的基本构想。其编制的深度，一方面取决于招标人所提供的前期工作成果和资料的深度，以及对承包条件说明的明确程度；另一方面也取决于投标人以往同类工程建设的经验。投标人一旦获得工程总承包合同的授予权，基本实施规划将成为日后编制详细实施规划的主要依据之一。

（2）详细实施规划。详细实施规划是工程总承包企业在工程项目中标之后，根据总承包合同条件和进一步的调查资料，对工程总承包项目的实施所做出的详细部署的计划文件。详细实施规划是基本实施规划的具体和深化，必须保持基本实施规划的严肃性和连续性，即在不降低基本实施规划要求的基础上进行各项工作的细化，从而起到全面指导工程总承包项目的实施管理和目标控制。

（3）修正实施规划。所谓修正实施规划是指详细实施规划在实施过程中，由于刚示要求或实施条件的变化，对原详细实施规划进行局部的调整，形成详细实施规划的新版本。由于工程总承包项目的实施周期长，建设条件从模糊到清晰，实施规划不可能一蹴而就，持续改进、不断完善是不可避免的。因此，必须做好版本编码和标识。

（4）具体管理计划。必须指出，工程总承包项目实施规划，无论是基本规划还是详细规划，都是整个项目计划系统的第一层面计划文件，其作用是作为总体行动方案和工作部署提出的。在此基础上还必须根据任务的分解和时间的先后，再编制可操作的具体管理计划，如设计计划、采购计划、财务计划、分包计划、施工计划、竣工计划等。

2. 工程总承包项目管理任务规划的内容

以工程总承包项目详细实施规划为例，其基本内容包括以下几方面：

（1）编制依据和总说明。描述编制实施规划所依据的资料、文件、法规和合同以及编制的指导思想和原则。

（2）工程总承包项目管理组织架构。需要明确：

1）组织架构图及其部门职责分工。

2）项目总经理及其任命证书。

3）总经理以下的主要管理者人事安排及各部门管理者人数的确定。

4）项目管理的基本方针（指导思想）。

（3）项目勘察设计工作的组织。需要明确：

1）工程勘察设计工作的总体目标。

2）工程勘察设计任务的具体部署。

3）工程设计方案征集（必要时）与评审办法。

4）工程勘察设计分包（必要时）的选择与管理。

5）工程勘察设计质量保证和概算控制措施。

6）工程勘察设计总进度和阶段性进度目标及其控制措施。

（4）项目施工阶段的管理规划。需要明确：

1）现场施工条件的调查和工程地质补充勘探（必要时）的安排。

2）建设施工总工期控制及其各施工阶段的划分。

3）建设施工部署的指导思想、控制性总进度计划及主要工程的节点目标。

4）工程设计与施工衔接的基本考虑，以及施工前期全场性准备工作、政府建设行政审批手续办理工作的安排方案。

5）施工组织总设计文件的编制与审批的原则和程序安排。

6）主要材料设备采购的预安排，包括国际招标采购代理的选择与委托。

7）施工分包项目的原则确定及对分包联络、考察、认定与选择程序的安排。

8）全场性总分包施工质量共同控制系统模式的考虑及管理原则的确定。

3. 工程总承包项目管理任务规划的程序

由于工程总承包项目管理工作任务规划涉及的内容广泛，因此，对于工程投标阶段指导性的基本实施规划，应由工程总承包企业的总工程师为领导、工程部牵头、组织相关的生产经营部门共同编制；对于工程总承包合同签约之后实施的详细规划，则应在工程总承包项目管理组织建立之后，由项目总工程师领导、牵头组织项目管理职能部门的技术和管理人员共同编制。

工程总承包项目管理任务规划的编制按如下程序进行：

（1）收集资料、学习招标文件和合同。

（2）制订编制大纲。

（3）确定编写人员分工。

（4）初稿汇总讨论、协调。

（5）初稿修改、修改稿汇总、统撰定稿。

（6）总工程师审批。

2.3.3 工程总承包项目施工资源配置规划

工程总承包项目施工资源配置是指工程总承包企业通过市场机制选择施工过程所需资源的过程。

1. 施工资源配置概述

（1）施工资源配置的意义。工程总承包项目管理最大特点是把资源最佳地组合到工程建设项目中，减少管理链与管理环节，集中优秀的专业管理人员，采用先进科学的方法，真正体现风险、效益与责任以及权力、过程与结果的统一，是工程项目管理控制的有效运行载体。工程项目施工资源配置是项目执行中的关键环节，并构成项目执行的物质基础和主要内容，在工程项目的实施中具有重要的地位，是项目建设成败的关键因素之一。其重要性可概括为以下几个方面：

1）能否经济、有效地进行施工资源配置，直接关系项目能否降低成本，也关系项目建成后的经济效益。人、设备、材料等费用通常占整个项目的主要部分，在一个项目进行中，工程总承包企业应依据项目的施工任务来选择高素质、高水平的施工队伍，并通过市场机制来配置施工资源。有效的施工资源配置必须在配置前对市场情况进行认真调查分析，制订的计划切合实际，并留有一定的余地，避免费用超支。

2）施工资源配置是一个工程项目成功的主要环节。科学的施工资源配置计划，不但可以保证供货商按时交货及施工分包商按时施工，而且也为工程项目其他部分的顺利实施提供施工进度。

3）施工资源配置的优劣直接关系整个工程的质量。如果采购到的设备材料及施工分包商不符合项目设计的要求，必然降低项目的质量，甚至导致整个项目的失败。

4）科学的施工资源配置可以有效避免设备材料在制造、运输和移交等过程中可能引起的各种纠纷，为工程总承包企业和供货商树立良好的信誉。

5）工程总承包项目施工资源配置过程会涉及复杂的横向关系，健全的施工资源配置程序可以从制度上最大限度地抑制贪污、受贿等腐败现象的发生。

（2）施工资源配置的原则。工程总承包项目施工资源配置的基本原则如下：

1）工程总承包项目应通过市场机制引入招标投标竞争制度，实行公开、公正、公平及诚实信用的原则。资源配置实行招标投标机制，给每个竞争者提供平等的竞争机会，这样不仅竞争者可以在良好的竞争环境下，充分展示其能力，而且最终的获益者是项目的业主。通过公开、公平、公正的竞争，总承包项目可以以较为低廉的价格获得较为良好的服务，并可增加施工资源配置过程的透明度，从而有效防止腐败现象的发生。

2）提高整个工程项目综合效益的原则。工程总承包单位应把建设环节的各个过程有机地结合在一起，从提高整个工程项目的综合效益出发配置施工资源，避免工程建设上存在设计、采购、施工各个环节互不衔接，责任不清。

3）最优化组合的原则。科学组织施工，讲求综合经济效益，即努力使人力、设备、材料、技术等生产要素得到最优化的组合，充分发挥生产要素的作用，在机械设备选用上，不是盲目追求单机先进，而是注意选型合理配套，一机多用，尽量减少备用设备。在原材料采购上，应注意保证质量等。

4）工程项目总体目标达到最优的原则。工程项目的目标体系主要包括工程项目的投资、进度和质量目标，在施工资源配置过程中，要这些目标同时达到最优是不现实的，仅仅追求某一目标最优可能会以牺牲其他目标为代价，因此，施工资源配置应根据系统科学的基本原理，采取多目标优化的方法，使工程项目的总体目标达到最优。

5）提高施工资源配置过程效率的原则。某些工程总承包项目所需的施工资源种类繁多，资源配置过程错综复杂。为了保证项目的顺利实施，必须提高配置效率。以国际竞争性招标采购为例，国际竞争性招标采购虽然是公认的好的采购方式，但是并不意味着所有的采购都采取这一方式。如我国土建施工单位不仅劳动能力便宜且施工能力很强，如果土建工程招标时也采用国际竞争性招标方式，往往会造成除了招标工作更加烦琐之外，不会得到更好的采购结果。另外，对于一些特殊的情况，还可以采用一些非采购方式，如国际询价采购、国内询价采购和直接采购等。这些都可以有效地提高项目的采购效率。

（3）施工资源配置的程序。采购是施工资源配置的主要手段，下面以采购为例介绍施工资源配置的程序。采购是为了从项目经理部和公司之外获得货物和服务需要的一系列过程，包括计划、采购与征购、卖方选择、合同管理以及合同的终结等，具体程序如下：

1）采购和询价规划。

①采购规划。主要考虑哪些资源（如人工、材料、施工机械）需要从外部采购以及使采购管理计划化，说明如何管理具体的采购过程。

②询价规划。询价规划是在采购规划和其他规划过程的基础上进行的。制订询价计划要充分利用已有标准格式。标准格式包括标准合同条件、对采购物的标准说明或标准招标文件。询价规划结束时要编制好招标文件，要求投标人提出报价。

2）询价和招标。

①询价。询价就是让可能参加投标的分包或供应商提出满足有关要求的报价。询价可采

取多种方式,招标仅为其中一种。

②卖方选择。卖方选择就是根据评标准则,接受某分包或供应商的标书,请其提供本项目须采购的产品或服务,价格是基本的决定因素,但是及时提供产品或服务也很重要。对于重要的产品或服务,可能需要选择多个来源。一旦选定分包或供应商,就应同其签订合同。

2. 施工分包规划

施工分包是指工程总承包企业按专业性质或按工程范围将工程项目中的部分工程,在经监理工程师或业主批准后,发包给其他承包企业施工,并与分包单位之间签订工程分包合同。但承包企业应对分包单位的工程继续承担与业主签订的一切责任及义务。

(1) 分包工程的确定。我国《合同法》和《建筑法》都对工程总承包与分包做了相关的规定。《建筑法》第 28 条规定,禁止承包单位将其承包的全部建筑工程转包给他人,禁止承包单位将其承包的全部建筑工程肢解以后以分包的名义分别转包给他人。《建筑法》第 29 条规定,工程总承包单位可以将承包工程中的部分工程发包给具有相应资质条件的分包单位,但是,除总承包合同中约定的分包外,必须经建设单位认可;施工总承包的,工程主体结构的施工必须由总承包单位自行完成。

工程总承包企业确定分包工程时,可依据有关法律的规定以及工程总承包项目的具体情况和企业自身的实力,来确定自行施工和对外分包施工的部分,总包企业通常要从保证工程质量和经济利益上权衡分包的内容,当然也要注意分包单位的有利可图。一般按以下情况进行划分:

1) 适合于自行施工的工程:

①主体工程。

②机械化施工的工程(拥有相应机械或有可能获得相应机械时)。

③质量要求高的工程。

④采用新的施工方法以及试验性的工程。

⑤必须使用固定工种的工程。

⑥外包费用计算困难的工程。

2) 适合于分包施工的工程:

①技术简单且以人力为主的工程。

②单纯附属工程。

③特殊工程,需要专门施工技术的工程。

④总包不会特殊施工方法的工程。

(2) 分包方式的分析。

1) 施工分包的类型。关于分包,可按下列两种方法进行划分:

①按分包内容划分。可以划分为专业分包和劳务分包。我国建筑业企业资质等级标准设置了施工总承包、专业分包和劳务分包三个序列,旨在改变长期以来形成的"大而不全、小而不精"等问题。我国施工企业目前采用的分包形式,除了一些特殊的施工(如桩基)作业实行专业分包外,其他主要是劳务分包。如某总承包工程,将桩基、幕墙、绿化等工程进行专业分包,并与 5 个劳务队签订了劳务分包合同。

②按发包方式划分。按 FIDIC 的《土木工程施工合同条件》的合同条款规定,工程分包的方式有两种,即一般分包和指定分包。一般分包是指总包单位自行选择分包单位(需经

业主同意）并与之签订分包合同。指定分包按 FIDIC "红皮书" 第 5，1 款规定："指定的分包商是指在合同中阐明和指定的分包商，或工程师根据第 13 条（变更与调整）指示总承包商雇佣的分包商"。

2）一般分包与指定分包的相同点。

①指定的分包商与一般分包商在合同关系与管理关系方面处于相同的地位。在业主与工程总承包商签订的合同中，承担施工任务的指定分包商，大部分是业主在招标阶段划分合同包时，考虑到某些施工内容具有较强的专业知识，而总包商又没有能力承担而指定或选定的分包商。指定的分包商虽然是由业主选定，但只与总承包商签订合同，而与业主没有合同关系，并且接受工程总承包商的管理。即指定的分包商与一般分包商在合同关系与管理关系方面处于相同的地位。

②都不能将所承担的施工任务再转包。

③一般分包商或指定分包商，都禁止承担整个工程项目（即禁止总承包商转包）。

④工程总承包商即使与分包商（包括一般分包商与指定分包商）签订分包合同，也不能解除总包合同规定的总包的任何责任和义务，即总包商对分包商的行为负完全责任。

3）一般分包与指定分包的不同点。

①选定分包的程序不同。一般分包商是由工程总承包商选定，经业主同意。而指定分包商是由业主选择，经总承包商同意。

②业主对分包商利益的保护不同。在 FIDIC 合同条款内列有保护指定分包商的条款。通用条款第 59.5 款规定：承包商在每个月末报送工程进度款支付报表时，工程师有权要求他出示以前已按指定分包合同给指定分包商付款的证明。若承包商无合法理由而扣压了指定分包商上个月应得工程款，业主有权按工程师出具的证明从本月应得工程款内扣除这笔金额直接付给指定分包商。对于一般分包无此类规定，业主和工程师不介入一般分包合同履约的监督。

4）工程总承包商对指定分包的反对。如果工程总承包商对指定分包商反对，按 FIDIC "新红皮书" 第 5.2 款（对指定分包商的反对）规定："如果主包商有理由对指定的分包商提出反对，他就没有义务雇用该分包商，此时，主包商应尽快通知工程师，并提供证明材料，如果主包商有正当理由对指定的分包商提出反对而雇主固执己见，那么雇主就要对指定分包商的所作所为承担相应的责任"。

（3）分包单位的选择。工程总承包商在决定工程分包时，要选择有影响、经济技术实力和资信可靠的分包商，并在 "共担风险" 的原则下，强化制约手段，签订有效的分包合同，制定严密的经济制约措施。

工程师应严格工程分包的审批程序，重点对分包商的机械设备、技术力量、财务状况及以往承担的工程业绩、信誉进行审查，必要时需到分包商的其他施工现场考察，正确行使对分包商的确认权及施工过程中的监督检查权。当分包商的行为不能使工程师满意或承包人之间因分包合同或分包工程的施工产生争端时，工程师有权要求分包商退场。总包选择分包商时，应根据施工指导方针及施工计划选择施工分包单位，基本做法是：

1）选择的对象，一般要考虑以下几种情况：

①业主在合同条件中指明或建议的施工企业。

②和本企业有长期合作历史或者参加本企业联谊团体的成员。

③施工上有经验、技术实力强，资金有保证，企业信誉好。

④鉴于技术专利上的考虑。

⑤工程所在的地点条件。

2）选择的方法。工程总承包商在完成了实施性施工计划（工种工程施工计划）之后，将计划的目的、施工要求、工程范围、质量标准、工种配合等内容，传达给专业施工企业，征集预算书。然后由专业施工企业提出分包申请书和工程预算书。一般要选择两家以上，通过商谈择优选定。

（4）分包合同的订立。

1）订立的原则。工程总承包单位按照工程总承包合同的约定对建设单位负责，分包单位按照分包合同的约定对工程总承包单位负责。工程总承包单位和分包单位就分包工程对建设单位承担连带责任。

总分包的关系是以施工合同为纽带的经济关系，他们既有各自利益追求的方面，又有相互依赖和制约的协作关系，双方利益的平衡很大程度上取决于分包合同条件的协商和最终的相互承诺，然而双方利益的实现都要建立在全面履行工程总承包合同的基础之上，以及整个施工项目管理目标实现的前提之下。因此分包同应是主合同的补充，是主合同不可分割的一部分，分包合同的条件应与主合同的条件一致，分包合同双方权利义务的约定不得与总包合同的基本原则相抵触。总分包之间应该成为通力合作的伙伴，总包依托分包，分包依靠总包的指导和监督。

2）订立的依据。分包单位一经选定，总包单位应与分包单位签订分包合同。我国目前尚没有规范的分包合同示范文本，在制定分包合同时，可采用总包单位自己制定的条款，或以FIDIC《土木工程施工分包合同条件》及AIA（美国建筑师协会）等相关条款为基础，总包单位与分包单位经协商加以修订的条款。

3）分包合同的内容。分包合同的主要内容应包括工程总承包商的责任、工程总承包商的权利、分包商的责任、分包商的权利以及工程变更、保险、索赔等条款。

3．设备材料采购规划

（1）设备材料采购方式。设备材料的采购方式应根据目标物的性质、特点及供货商的供货能力等方面条件来选择。采购方式选择得当，不但可以加快采购速度，而且还可节省投资，减少不必要的人力、物力，下面介绍几种主要采购方式。

1）国内竞争性招标。国内竞争性招标是根据国内有关法律法规的规定，在国内指定媒体上刊登广告，并按照国内招标程序进行的采购。是国内公共采购中通常采用的竞争性招标方式，而且可能是采购那些因其性质或范围不大可能吸引外国厂商和承包商参与竞争的材料设备的最有效和最经济的方式。

2）询价采购。询价采购是对几个供货人（通常至少三家）提供的报价进行比较，以确保价格具有竞争性的一种采购方式。这种方式适合用于采购小金额的货架交货的现货或标准规格的商品。

3）直接采购。

（2）设备材料采购计划。设备材料采购计划是反映物资的需要与供应的平衡关系，从而安排采购的计划。它的编制依据是需求计划、储备计划和货源资料等，它的作用是组织指导物资采购工作。

在制定材料设备采购计划时必须掌握的信息包括：

1）所需材料设备名称和数量清单。首先要清楚所需的材料设备是由国内采购还是国外采购。如果是国外采购材料设备，还需要弄清楚合同中规定是口岸交货还是现场交货。如果是口岸交货，还要了解口岸到现场的距离及其间道路交通情况，以便估计从口岸运到现场的时间，以及对口岸和现场之间的道路、桥梁是否需采取特殊措施。如果需要一些加固道路的设施或特殊运输设备，均将在工期和成本上有所反映。

其次，要弄清所需的材料设备等是现货供应还是需要特别加工试制。因为后者的到货时间与现货供应是不同的。再者，要确定是成批购置还是零购。因为，成批购买价格要比零购低，但还要核算一下储存货物所需设施的开支是否合算。

2）确定得到材料设备需要的时间。对所需的材料设备应保证供应，以免影响需要，其中关系到是否要有一定的储备。如果是非标准材料设备，除需知道到场时间外，还需考虑设备到场后的验收、调试等时间。

如果是国外采购，还需考虑海运或空运的时间以及从海关运到现场的时间。海运的时间较长，而且到岸时间不一定很准确，要留有余地，而且不能忽略货物到岸再运到现场这段时间。得到材料设备的时间可从进度计划中取得。

3）材料设备必需的设计、制造和验收等时间。对试制产品，要了解设计时间、制造对间、检验时间、装运时间、到岸时间及安装时间，以便使土建设备安装、试生产等各阶段工作相互配合。

4）材料设备进货来源。进货来源的不同影响到质量、价格、储存量、能否及时供应和运输等问题，因此要合理选择。

材料设备采购计划的编制，是在确定计划需求量的基础上，经过综合平衡后，提出申请量和采购量，因此，供应计划的编制过程也是平衡过程，包括数据、时间的平衡。根据收集的信息与本单位的采购经验相结合，就可制定出一个包括选货、订货、运货、验收检验等过程的程序日程安排。

材料设备计划一般由施工采购部门负责制定，项目经理要检查所订的计划是否能保证工程施工总目标的实现。特别是工期目标能否实现。施工中常常会因材料设备等资源供应周期不准而拖延项目完成的工期；相反，如果过早储存，则需一定的仓储设备，也会增加项目成本。

2.4 工程总承包项目管理的意义

工程总承包项目的设计管理是总承包项目管理任务的重要组成部分，无论工程总承包项目是大型工业交通建设中的一个子系统的单项工程，还是本身就是一个独立的工业或民用工程建设项目，工程总承包企业的项目设计管理，不但对业主整个建设项目的投资、质量、进度目标以及安全、职业健康和环境保护都会产生重要影响；而且对工程总承包企业的项目产经营预期目标的实现有极大的关系。

2.5 工程总承包项目管理的作用

（1）与其他承包方式相比，工程总承包具有以下优点：

1）实现设计、采购、施工、试运行等工作的内部协调，减少外部协调环节，降低运行成本。

2）实现设计、采购、施工、试运行的深度合理交叉，缩短建设周期。

3）实现设计、采购、施工、试运行全过程的质量控制，提升工程质量。

4）实现设计、采购、施工、试运行全过程的费用控制，确保投资控制。

5）充分利用工程总承包商的先进的技术和经验，提高效率和效益。

（2）在中国发展工程总承包的意义。

1）有利于确立工程总承包的主导地位，理清各种关系。一是业主与承包商的关系。业主作为消费者，需要的是合格的建筑产品；总承包商作为EPC/交钥匙的制造者，负责提供最终建筑产品并义不容辞地协调分包、协作事宜。二是设计与业主的关系。由于工程总承包体现了设计、采购与施工一体化，设计工作由过去为单纯完成设计转而站在全局高度进行全面、全方位、全过程的设计考虑，包括品牌效应、总成本以及今后市场。三是总包与分包的关系。业主选定总承包商后，再由主包确定分包队伍并将其定位于二级市场，完全不必业主再平行发包，避免了发包主体主次不分的混乱状态。四是执法机构与市场主体的关系。建筑市场各执法机构依法对总承包商的市场行为履行监管职责，并对分包商的违法违规行为进行查处，还明确总承包商负连带责任。

2）有利于优化资源配置。国外经验证明，实行工程总承包减少了资源占用与管理成本。在我国，则可以从三个层面予以体现：第一，业主方摆脱了工程建设全过程的繁重劳动和杂乱事务，避免了人员与资金的浪费；第二，主包方设计、采购、施工的一体化，减少了变更、争议、纠纷和索赔的耗费。使资金、技术、管理各个环节衔接更加紧密，从而保证了建筑产品的完整性和品牌性；第三，分包方社会分工专业化程度的提高，促使专业工程做成精品，既体现了"一招鲜，天地宽"，又做到了人尽其才、物尽其用。

3）有利于优化组织结构并形成规模经济。一是构建工程总承包、施工承包、分包（包括专业分包、劳务分包）三大梯度塔式结构形态；二是在组织形式上实现从单一型向综合型、从传统型向现代开放型的转变，最终整合为优势各异的资金、技术、管理密集型的大型企业集团，以形成规模经济并谋求效益最大化；三是积极调整对外经营战略，努力扩大市场份额，从而在促进劳务输出的同时，重点带动技术、材料、设备和机电产品综合出口，使之成为实现经济增长的突破口。中国总承包伊朗德黑兰地铁项目即是明证；四是增强了参与WTO交易的能力。

4）有利于理顺管理体制，防范风险。总分包体制的形成，有助于政府部门打破行业垄断并集中力量解决建筑市场最突出的问题；也有助于实行风险保障制度。因为唯有综合实力强的大公司方易获得保证担保。

5）有利于控制工程造价，提升招标层次。多年来，工程造价"三超"已成顽症，尤其"最大的超支在设计"始终不得根治。而实行工程总承包，融设计、采购、施工于一体，在强化设计责任的前提下，通过概念设计（或方案）与价格的双重竞标，把"投资无底洞"消灭在工程发包之中。并且，由于实行整体性发包，工程总承包招标可以节省成本、提高效率，并引领我国招标工作进入新境界。

6）有利于全面履约并确保质量和工期。实践证明，工程总承包最便于充分发挥大承包商所具有的较强技术力量、管理能力和丰富经验的优势。同时，由于责任主体明确，各专业从设计、采购到施工各环节均置于总承包商的指挥下，进行统一调度、综合协调，确保质量和进度。并且，由总承包商一家对工程建设全过程的质量、工期和价格负全责，通过订立合同而成为法律责任，就使得他别无选择，只能背水一战而全面履约。否则，他必将面临信誉扫地、赔付亏本乃至破产的境地。

7）有利于推动管理现代化。工程总承包模式作为协调中枢建立起计算机系统，使各项工作实现了电子化、信息化、自动化和规范化，提高了管理水平和效率。同时，运用电子商务系统架设起现场与市场沟通的桥梁，进行网上发布信息、查询、招标投标与国际采购，将大力增强我国企业的国际承包竞争力。此外，推进工程总承包还有利于推动技术进步和科技创新，以提升各企业核心竞争力，并促进我国建筑业快速、持续、健康发展。

第3章　工程总承包项目管理目标与组织实施

3.1　工程项目管理相关方的目标和任务

1. 设计方项目管理的目标和任务

设计单位受业主委托承担工程项目的设计任务。以设计合同所界定的工作范围及其责任义务作为该项工程设计管理的对象、内容和条件，通常简称为设计项目管理。设计项目管理也就是设计单位对履行工程设计合同和实现设计单位经营方针目标而进行的设计管理，尽管其地位、作用和利益追求与项目业主不同，但它也是建设工程设计阶段项目管理的重要方面。只有通过设计合同，依靠设计方的自主项目管理才能贯彻业主的建设意图和实施设计阶段的投资、质量和进度控制。

设计方项目管理的目标包括设计的成本目标、进度目标、质量目标及投资目标。设计方的项目管理工作主要在设计阶段进行，但是也涉及设计前的准备阶段、施工阶段、动用前的准备阶段和保修期。因为在这几个阶段的项目管理工作都或多或少与设计有关。设计方项目管理的任务包括与设计工作有关的安全管理、设计成本控制和与设计工作有关的工程造价控制、进度控制、质量控制、合同管理、信息管理的组织和协调。

2. 施工方项目管理的目标和任务

施工单位通过工程施工投标取得工程施工承包合同，并以施工合同所界定的工程范围组织项目管理，简称为施工项目管理。从完整的意义上说，这种施工项目应该指施工总承包的完整工程项目，包括其中的土建工程施工和建筑设备工程施工安装，最终成果能形成独立使用功能的建筑产品。然而从工程项目系统分析的观点来看，分部工程也是构成工程项目的子系统，按子系统定义项目，既有其特定的约束条件和目标要求，而且也是一次性的任务。

因此，工程项目按专业、按部位分解发包的情况，承包方仍然可以按承包合同界定的局部施工任务作为项目管理的对象。这就是广义的施工企业的项目管理。

施工方项目管理的目标包括施工的成本目标、进度目标和质量目标。施工方的项目管理工作主要在施工阶段进行，但也涉及设计准备阶段、设计阶段、动用前准备阶段和保修期。

施工方项目管理的任务包括施工安全管理、成本控制、进度控制、质量控制、合同管理、信息管理以及与施工有关的组织与协调。

3. 供货方项目管理的目标和任务

从工程项目管理的系统分析观点看，物资供应工作也是项目实施的一个子系统，它有明确的任务和目标，明确的制约条件以及项目实施子系统的内在联系。因此制造厂、供应商同样可以将加工生产制造和供应合同所界定的任务，对项目进行目标管理，以适应工程项目总目标控制的要求。

供货方项目管理的目标包括供货方的成本目标、供货的进度目标和质量目标。供货方的项目管理工作主要在施工阶段进行，但也涉及设计准备阶段、设计阶段、动用前准备阶段和保修期。供货方项目管理的任务包括供货的安全管理、进度控制、质量控制、合同管理、信息管理、供货方的成本控制以及与供货有关的组织与协调。

4. 工程项目总承包方项目管理的目标和任务

在设计施工连贯式总承包的情况下，业主在项目决策之后，通过招标择优选定总承包单位全面负责工程项目的实施过程，直至最终交付使用后功能和质量标准符合合同文件规定的工程目的物。因此，工程总承包方的项目管理是贯穿于项目实施全过程的全面管理，既包括工程的经营方针和目标，也包括以取得预期经营效益为动力而进行的工程项目自主管理。显然，他必须在合同条件的约束下，依靠自身的技术和管理优势或实力，通过优化设计及施工方案，在规定的时间内，按质按量地全面完成工程项目的承建任务。从交易的角度看，项目业主是买方，总承包单位是卖方，因此两者的地位和利益追求是不同的。

工程项目总承包方项目管理的目标包括项目的总投资目标和总承包方的成本目标、项目的进度目标和项目的质量目标。工程项目总承包方项目管理工作涉及项目实施阶段的全过程，即设计前的准备阶段、设计阶段、施工阶段、动用前准备阶段和保修期。工程项目总承包方项目管理的任务包括安全管理、投资控制和总承包方的成本控制、进度控制、质量控制、合同管理、信息管理以及与工程项目总承包方有关的组织和协调。

从上述工程项目相关方的管理目标和任务，可以看出，工程项目总承包项目管理具有十分重要的独特管理优势，对于业主和承包方都是有利的，是一种双盈的管理模式。

3.2　工程总承包项目实施策略

3.2.1　工程项目管理规划的种类

工程项目管理规划是施工企业编制的规划文件，它包括两类：

（1）工程项目管理规划大纲，在取得招标文件后，用以指导承包人编制投标文件、投标报价和签订施工合同。

（2）工程项目管理实施规划。在施工合同签订后，用以策划施工项目计划目标、管理措施和实施方案，保证施工合同的顺利实施。

前者侧重于满足投标竞争的需要，为签约谈判提供依据；后者侧重于实际操作，满足建筑工程项目管理和施工现场管理的需要。

3.2.2　工程项目管理规划的内容

工程项目管理规划主要包括进行项目管理的原因、项目管理所需要做的工作的种类、项目管理的程序以及具体工作安排、项目的总投资和总进度等。工程项目管理涉及项目整个实施阶段，属于总承包项目管理的范畴。工程项目管理规划涉及的范围和深度应视项目的特点而定。具体来说，工程项目管理规划一般包括如下内容：

（1）项目概述。

（2）项目的目标分析和论证。

（3）项目管理的组织。

（4）项目采购和合同结构分析。

（5）投资控制的方法和手段。

（6）进度控制的方法和手段。

（7）质量控制的方法和手段。

（8）安全、健康与环境管理的策略。

（9）信息管理的方法和手段。

（10）技术路线和关键技术的分析。

（11）设计过程的管理。

（12）施工过程的管理。

（13）风险管理的策略等。

3.2.3 编制工程项目管理规划的步骤

工程项目管理规划应是一动态过程，一般可按以下步骤进行：

（1）规划信息的收集和处理。

（2）确定项目目标和任务。

（3）明确实现项目目标和任务的前提和依据。

（4）制定实现项目目标或完成项目任务的各种可行方案。

（5）对方案进行评估。

（6）确定方案和写出项目计划书。

3.2.4 工程项目管理规划的编制要求

工程项目管理实施规划的编制应由项目经理负责，并邀请项目管理班子的主要人员参加，而且制定的规划必须随着情况的变化而进行动态调整。为了发挥总承包项目管理实施规划的作用，它应符合以下要求：

（1）符合招标文件、合同条件以及发包人（包括监理工程师）对工程的要求。它们决定工程项目管理的目标。因此，在编制过程中必须全面研究总承包项目的招标文件和合同文件。

（2）具有科学性和可执行性，能符合实际，能较好地反映以下几点：

1）工程环境、现场条件、气候、当地市场的供应能力等。所以要进行大量的环境调查，掌握大量的资料。这是制定正确的、有可行性的规划的前提。

2）符合工程自身的客观规律性，按照工程的规模、工程范围、复杂程度、质量标准、工程施工自身的逻辑性和规律性进行规划。因此，在规划时要注重收集在本地区、由本企业近期内承担的同类工程资料，包括施工状况、所取得的经验教训等。

3）工程项目相关各方的实际能力，如承包人的施工能力、供应能力、设备装备水平、管理水平和所能达到的生产效率、过去同类工程的经验、目前在手的工程的数量、施工企业的管理系统等；发包人对整个工程项目所采用的发包方式、管理模式、支付能力、管理和协调能力、材料和设备供应能力等；工程的设计单位、供应单位的能力。

（3）符合国家的法律、法规，国家和地方的规范、规程。

（4）符合现代管理理论，采用新的管理方法、手段和工具。

（5）应是系统的、优化的。

3.2.5　工程项目管理规划与项目设计计划、采购计划、施工组织设计、质量计划的关系

在实际工程中，我国的发包人常常在招标文件中要求承包人编制施工组织设计，或要求编制质量计划，对此应注意它们的一致性和相容性，避免重复性的工作

(1) 若需按发包人的要求在投标文件中提供详细实施计划，工程项目管理大纲的内容应考虑发包人对工程实施组织的内容要求、评标的指标和评标方法。工程项目管理规划的编制应贯彻部门规章中有关规定。

因为全面地完成总承包合同是承包人最重要的任务，也是工程项目管理规划的目的，所以在相应的投标文件的编制中，应按照工程项目管理规划大纲编制设计计划采购计划施工组织设计，工程项目管理规划大纲的许多内容可以直接或经过细化、修改、调整、补充后在施工组织设计中使用。

按照相关规定（如我国的《建设工程施工合同（示范文本）》和 FIDIC 条件），承包人在中标后的一段时间内向发包人（或监理工程师）提供详细的工程实施计划，这个详细的工程实施计划应按照项目管理实施规划编制，项目管理实施规划的内容可以直接或经过细化、修改、调整、补充后在该工程实施计划中应用。

(2) 在有些施工项目中，要求提供质量管理计划，例如按照 FIDIC 条件的规定，监理工程师有权审查承包人的"质量管理体系"。施工项目管理规划是编制质量管理计划的依据。

在现代工程中承包人的质量管理计划的内容在很大程度上与项目管理规划的内容是一致的，所以项目管理规划（规划大纲或实施规划）的许多内容可以直接或经过细化、修改、调整、补充后在质量管理计划编制时使用。

3.2.6　工程总承包项目的组织协调

1. 项目组织协调的概念

工程项目组织协调是指以一定的组织形式、手段和方法，对工程项目中产生的关系不畅进行疏通，对产生的干扰和障碍予以排除的活动。

项目组织协调是总承包项目管理的一项重要工作。一个项目的实施要取得成功，组织协调具有重要作用。组织协调可使矛盾者的各个方面居于统一体中，解决它们的界面问题，解决它们之间的不一致和矛盾，使系统结构均衡，使项目实施和运行过程顺利。在项目实施过程中，项目经理是协调的中心和沟通的桥梁。在整个项目的目标规划、项目定义、设计和计划以及实施控制等工作中有着各式各样的协调工作。如项目目标因素之间的协调，项目各子系统内部、子系统之间、子系统与环境之间的协调，各专业技术方面的协调，项目实施过程的协调，各种管理方法、管理过程的协调，各种管理职能如成本、合同、工期、质量等的协调，项目参加者之间的组织协调等。所以，协调作为一种管理方法已贯穿于整个项目和项目管理的全过程。

在各种协调中，组织协调具有独特的地位，它是使其他协调有效性的保证，只有通过积极的组织协调才能实现整个系统全面协调的目的。

2. 组织协调的范围

组织协调的范围包括内部关系的协调、近外层关系的协调和远外层关系的协调。内

部关系包括项目经理部内部关系、项目经理部与企业的关系、项目经理部与作业层的关系。

承包人的近外层关系是指与承包人有直接和间接合同的关系，包括与发包人、监理工程师、设计人、供应人、分包人、贷款人、保险人等的关系。近外层关系的协调应作为项目管理组织协调的重点。

远外层关系是指与承包人虽无直接或间接合同关系，但却有着法律、法规和社会公德等约束的关系，包括承包人与政府、环保、交通、环卫、绿化、文物、消防、公安等单位的关系。

3. 组织协调的内容

（1）人际关系的协调。人际关系的协调应包括组织内部人际关系的协调和组织与关联单位的人际关系协调。协调的对象应是相关工作结合部中人与人之间在管理工作中的联系和矛盾。

（2）组织关系协调。组织关系协调应包括项目经理部与企业管理层及劳务作业层之间关系的协调。

（3）供求关系协调。供求关系协调应包括企业物资供应部门与项目经理部关系的协调，生产要素供需单位之间的关系的协调。

（4）协作配合关系协调。协作配合关系协调应包括近外层单位的协作配合，内部各部门、上下级、管理层与作业层之间的关系。

（5）约束关系协调。约束关系协调包括法律、法规的约束关系的协调和合同约束关系的协调。

3.3 工程总承包项目结构与管理流程

1. 工程项目结构图

（1）定义。工程项目结构图（Project Diagram，或称 WBS—Work Breakdown Structure）是一个组织工具，也是项目结构分解的工具。它是一个分级的树形结构，是将工程项目按照其内在结构或内容单一的、易于成本核算与检查的项目单元，并能把各项目单元在项目中的地位与构成直观地表示出来。

工程项目结构图是实施项目，创造最终产品或服务所必须进行的全部活动的一张清单，也是进度计划、人员分配和预算的基础。

工程项目分解既可以按项目的内在结构进行，又可按项目的实施顺序进行。由于项目本身的复杂程度、规模各不相同，从而形成了项目结构图的不同层次。

（2）项目结构编码。为了有利于简化信息传递和交流，WBS 可用编码的形式表示出来。在 WBS 编码中，每一位数字表示一个分解层次。左起第 1 位数字之后都为零的编码表示整个项目；第 1 位数字相同，第 2 位数字不同，后面数字全为零的编码表示各子项目，其总和构成整个项目；前两位数字相同，第 3 位数字不同，后位数字为零的编码表示各子项目分解成的工作任务，其总和构成项目的某一子项目，依此类推。

工程项目的投资控制、进度控制、质量控制、合同管理和信息管理也可以项目结构图及其编码为基础进行编码。

2. 工程项目管理的组织结构图

工程项目管理的组织结构图（OBS 图——Diagram of Organization Breakdowns Structure），又可称为工程项目组织结构图，是指对一个房屋建筑工程项目的组织结构进行分解，并以图的形式表示出来。反映的是房屋建筑工程项目管理班子中各子系统之间和各工作部门之间的组织关系，即各工作单位、各工作部门和各工作人员之间的组织关系。它与工程项目结构图（WBS）是平行的，但后者反映的是工程项目各工作对象之间的关系。项目的组织结构也可进行编码。

工程项目组织结构图应注意表达业主方及项目的参与单位有关的各工作部门之间的组织关系，是项目组织管理的有效工具。

3. 项目管理任务分工表

业主方和项目各参与方在编制各自的项目管理任务分工表时，首先应对项目实施的各阶段的费用控制、进度控制、质量控制、合同管理、信息管理和组织与协调等管理任务进行详细分解，在此基础上再确定项目经理和费用控制、进度控制等工作部门或主管人员的工作任务。

任务分工应该明确，而且应该细化，便于任务的圆满完成。

（1）项目管理职能分工表。管理的职能包括提出问题、策划——列出解决问题的可能的方案，并对这些方案进行分析、决策、执行、反馈检查。业主和项目各参与方均应编制各自的项目管理职能分工表。

（2）工作流程图。工作流程图是用来描述各项目管理工作流程的图，如投资控制工作流程图、进度控制工作流程图等。而且工作流程图也可根据需要进行逐层细化，如投资控制工作流程图可细分为初步设计阶段投资控制工作流程图、施工图阶段投资控制工作流程图、施工阶段投资控制工作流程图。

（3）合同结构图。合同结构图是反映业主方和项目各参与方之间，以及项目各参与方之间的合同关系。

4. 总承包项目实施流程及管理

工程总承包项目管理流程，是围绕勘察—设计—采购—施工—试运行等阶段进行的一体化管理。具体流程内容依据上述项目结构确定。

管理过程是针对上述勘察、设计、采购、施工、试运行过程进行 PDCA 管理，即计划、实施、检查、处置与改进。其中：计划是针对总承包项目的目标和任务的实施进行策划，并合理安排实施途径；实施是按照既定计划进行的一体化管理，管理的重点是勘察、设计、采购、施工、试运行的集成化；检查是对总承包过程的监视和测量，重在发现问题和风险；处置与改进是在发现问题和风险的基础上，进行处理与改进，通过改进措施，实现总承包项目的管理目标和任务。

第4章 总承包项目管理组织结构与管理流程

4.1 总承包项目管理组织及项目机构设置

4.1.1 总承包项目组织的定义及组织结构模式

1. 工程项目组织的定义

（1）组织。组织论主要研究系统的组织结构模式、组织分工和工作流程组织，它是与项目管理学相关的一门非常重要的基础理论学科。

组织包含两层含义。第一层含义是指各生产要素相结合的形式和制度：通常，前者表现为组织结构，后者表现为组织的工作规则。组织结构一般又称为组织形式，反映了生产要素相结合的结构形式，即管理活动中各种职能的横向分工和层次划分。组织结构运行的规则和各种物理职能分工的规则即是工作制度。第二层含义是指管理的一种重要职能，即指通过一定权力体系或影响力，为达到某种工作的目标，对所需要的一切资源（生产要素）进行合理配置的过程。它实质上是一种管理行为。本章所要研究的组织是第一层含义的组织。

（2）工程项目组织。工程项目组织是指工程项目的参加者、合作者按照一定的规则或规律构成的整体，是工程项目的行为主体构成的协作系统。它不受现存的职能组织的束缚，但也不能代替各种职能组织的职能活动。

与此相对应的参加者，合作者大致有以下几类：

1）项目所有者，通常又被称为业主。他居于项目组织的最高层，对整个项目负责。他最关心的是项目整体经济效益，他在项目实施全过程的主要责任和任务是对项目进行总体和全面控制。

2）项目管理者。项目管理者由业主选定，为他提供有效的、独立的管理服务，负责项目实施中的具体的事务性管理。他的主要责任是实现业主的投资意图，保护业主利益，达到项目的整体目标。

3）项目专业承包商。项目专业承包商包括专业设计单位、施工单位和供应商等，他们构成项目的实施层。

4）政府机构。包括政府的土地、规划、建设、水、电、通信、环保、消防、公用等部门，他们的协作和监督决定项目的成败。其中最重要的是建设部门的质量监督。

5）项目驻地的环境。包括驻地的自然条件和驻地居民。驻地自然条件的好坏以及驻地居民的合作态度对项目的实施有很大的影响。

6）项目的上层系统（如主管部门等）。

2. 工程项目组织结构模式

常用的组织结构模式包括职能组织结构、线性组织结构和矩阵组织结构等。

（1）职能组织结构。职能组织结构是一种传统的组织结构模式，它是指企业按职能以及职能的相似性来划分部门，如一般企业要生产市场需要的产品必须具有计划、采购、生产、营销、财务、人事等职能，那么企业在设置组织部门时，按照职能的相似性将所有计划工作及相应人员归为计划部门、从事营销的人员划归营销部门等，企业便有了计划、采购、生产、营销、财务、人事等部门。

采用职能组织结构形式的企业在进行项目工作时，各职能部门根据项目的需要承担本职能范围内的工作，也就是说企业主管根据项目任务需要从各职能部门抽调人员及其他资源组成项目实施组织，如要开发新产品就可能从营销、设计及生产部门各抽调一定数量的人员形成开发小组。然而这样的项目实施组织界限并不十分明确，小组成员完成项目中需本职能完成的任务，同时他们并没有脱离原来的职能部门，而项目实施的工作多属于兼职工作性质。这样的项目实施组织的另一特点是没有明确的项目主管或项目经理，项目中各种职能的协调只能由处于职能部门顶部的部门主管或经理来协调。如上述开发新产品项目，若营销人员与设计人员发生矛盾，只能由营销部门经理与设计部门经理来协调处理，同样各部门调拨给项目实施组织的人员及资源也只能由各部门主管决定。项目职能组织结构如图 4-1 所示。

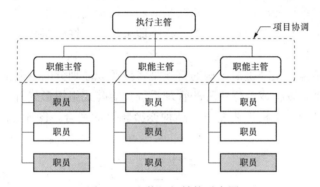

图 4-1　职能组织结构示意图

项目职能组织结构模式的优点主要有：

1）有利于企业技术水平的提升。由于职能式组织是以职能的相似性而划分部门的，同一部门人员可以交流经验及共同研究，有利于专业人才专心致志地钻研本专业领域理论知识，有利于积累经验与提高业务水平。同时这种结构为项目实施提供了强大的技术支持，当项目遇到困难之时，问题所属职能部门可以联合攻关。

2）资源利用的灵活性与低成本。职能组织形式项目实施组织中的人员或其他资源仍归职能部门领导，因此职能部门可以根据需要分配所需资源，而当某人从某项目退出或闲置时，部门主管可以安排他到另一个项目去工作，可以降低人员及资源的闲置成本。

3）有利于从整体协调企业活动。由于每个部门或部门主管只能承担项目中本职能范围的责任，并不承担最终成果的责任，然而每个部门主管都直接向企业主管负责，因此要求企业主管要从企业全局出发进行协调与控制。因此，有学者说这种组织形式"提供了在上层加强控制的手段"。

项目职能组织结构模式的缺点主要有：

1）协调的难度大。由于项目实施组织没有明确的项目经理，而每个职能部门由于职能的差异性及本部门的局部利益，因此容易从本部门的角度去考虑问题，发生部门间的冲突时，部门经理之间很难进行协调。这会影响企业整体目标的实现。

2）项目组成员责任淡化。由于项目实施组织只是临时从职能部门抽调而来，有时工作相应责任，然而项目是由各部门组成的有机系统，必须有人对项目总体承担责任，这种职能式组织形式不能保证项目责任的完全落实。

（2）线性组织结构。线性组织结构，又称直线式组织结构。它的特征是联系和指令的线性化，即上下机构之间的联系置于垂直的领导线上，形成线性联系的组织结构，而每一个下属机构只有一个上级领导，它只接受它唯一的直接上级部门下达的指令。这种组织结构上下左右关系简单明确，管理信息沿着领导垂直线上下传递，呈现从上到下的金字塔形，在最高领导之下，有若干下属机构，在每一个下属机构之下，又分为若干下级机构，一直延伸到最低领导层次。

线性组织结构来自于军事组织系统。在线性组织结构中，每一个工作部门只有一个指令源，避免了由于矛盾的指令而影响组织系统的运行。但在一个大的组织系统中，由于线性组织系统的指令路径过长，会造成组织系统运行的困难。

线性组织结构的优点是组织关系明确，权力集中，责任明确，指令统一，决策迅速，工作效率较高。这种组织结构的缺点是横向联系薄弱，信息交流困难，它的决策、指挥、协调和控制等管理，基本上属于个人管理。因此，一般来说，线性组织结构只适用于级别较低和任务较单纯的工程项目。

（3）矩阵组织结构。矩阵组织结构的特点是将按照职能划分的纵向部门与按照项目划分的横向部门结合起来，以构成类似矩阵的管理系统。矩阵式组织形式首先在美国军事工业中实行，它适应于多品种、结构工艺复杂、品种变换频繁的场合，图 4-2 是一种典型的矩阵组织形式。

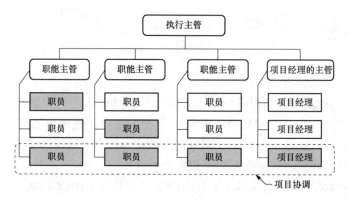

图 4-2　矩阵组织结构示意图

当很多项目对有限资源的竞争引起对职能部门的资源的广泛需求时，矩阵管理就是一个有效的组织形式，传统的职能组织在这种情况下无法适应的主要原因是：职能组织无力对职能之间相互影响的工作任务提供集中、持续和综合的关注与协调。因为在职能组织中，组织结构的基本设计是职能专业化和按职能分工的，不可能期望一个职能部门的主管人会不顾他在自己的职能部门中的利益和责任，或者完全打消职能中心主义的念头，使自己能够把项目作为一个整体，对职能之外的项目各方面也加以专心致志的关注。

在矩阵组织中，项目经理在项目活动的"什么"和"何时"方面，即内容和时间方面对职能部门行使权力，而各职能部门负责人决定"如何"支持。每个项目经理要直接向最高管理层负责，并由最高管理层授权。而职能部门则从另一方面来控制，对各种资源作出合理的分配和有效的控制调度。职能部门负责人既要对他们的直线上司负责，也要对项目经理负责。

矩阵组织的基本原则是：

1）必须有一个花费全部的时间和精力用于项目，有明确的责任，这个人通常即为项目经理。

2）必须同时存在纵向和横向两条通信渠道。

3）要从组织上保证迅速有效地解决矛盾。

4）无论项目经理之间，还是项目经理与职能部门各负责人之间，要有正式的通信渠道和自由交流的机会。

5）各个经理都必须服从统一的计划。

6）无论是纵向或横向的经理（或负责人），都要为合理利用资源而进行谈判和磋商。

7）必须允许项目作为一个独立的实体来运行。

矩阵组织的职权以纵向、横向和斜向在一个公司里流动，因此在任何一个项目的管理中，都需要有项目经理与职能部门负责人的共同协作，将两者很好地结合起来。要使矩阵组织能有效地运转，必须处理好以下几个问题：

1）应该如何创造一种能将各种职能综合协调起来的环境；由于具有每个职能部门从其职能出发只考虑项目的某一方面的倾向，处理好这个问题就是很必要的。

2）各项目中哪个要素比其他要素更为重要，是由谁来决定的？考虑这个问题可以使主要矛盾迎刃而解。

3）纵向的职能系统应该怎样运转才能保证实现项目的目标，而又不与其他项目发生矛盾。

4）要处理好这些问题，项目经理与职能部门负责人要相互理解对方的立场、权力以及职责，并经常进行磋商。

组织结构模式反映了一个组织系统中各子系统之间或各元素（各工作部门）之间的指令关系。组织分工反映了一个组织系统中各子系统或各元素的工作任务分工和管理职能分工。组织结构模式和组织分工都是一种相对静态的组织关系。而工作流程组织则可反映一个组织系统中各项工作之间的逻辑关系，是一种动态的关系。建设工程项目管理工作的流程、信息处理的流程，以及设计工作、物资采购和施工的流程组织均属于工作流程组织的范畴。

由于工程总承包项目特点，一般常采用矩阵式进行管理。

4.1.2　工程组织与目标的关系

如果把工程项目管理作为一个系统，其目标决定了项目管理的组织，而项目管理的组织是项目管理的目标能否实现的决定性因素。因此，为了实现项目管理的目标，必须重视项目管理的组织。具体参考本书相关内容。

4.2　总承包管理的基本任务

在工程实施的各阶段中，设计阶段、施工招标阶段、施工阶段的持续时间长且涉及的工作内容多。因此，重点阐述这三个阶段目标控制的具体任务。

4.2.1 设计阶段

（1）投资控制任务。在设计阶段，总承包项目投资控制的主要任务是通过收集类似工程投资数据和资料，制定工程投资目标规划；开展技术经济分析等活动，协调和配合设计单位，力求使设计投资合理化；审核概（预）算，提出改进意见，优化设计，最终满足业主对工程投资的经济性要求。

（2）进度控制任务。在设计阶段，总承包项目设计进度控制的主要任务是根据工程总工期要求，确定合理的设计工期要求；根据设计的阶段性输出，由"粗"而"细"地制定工程总进度计划，为工程进度控制提供前提和依据；协调各设计单位一体化开展设计工作，力求使设计能按进度计划要求进行；按合同要求及时、准确、完整地提供设计所需要的基础资料和数据；与外部有关部门协调相关事宜，保障设计工作顺利进行。

（3）质量控制任务。在设计阶段，总承包项目设计质量控制的主要任务是了解业主建设要求，制定工程质量目标规划（如设计要求文件）；根据合同要求，及时、准确、完善地提供设计工作所需的基础数据和资料；实施设计单位优化设计，并最终确认设计符合有关法规要求。

符合技术阶段的涉及的工作内容还有：

（1）编制施工招标文件或施工实施文件，为本阶段和施工阶段目标控制打下基础。

施工招标文件是工程施工招标工作的纲领性文件，又是投标人编制投标书的依据和评标的依据。监理工程师在编制施工招标文件时，应当为选择符合要求的施工单位打下基础，为合同价不超过计划投资、合同工期符合计划工期要求、施工质量满足设计要求打下基础，为施工阶段进行合同管理、信息管理打下基础。

（2）协助业主编制标底。应当使标底控制在工程概算或预算以内，并用其控制合同价。

（3）做好投标资格预审工作。应当将投标资格预审看作公开招标方式。

（4）组织开标、评标、定标工作。

总承包项目的施工过程如果是自己承担，其施工组织设计及实施策划则应在施工前完成。

4.2.2 施工阶段

（1）投资控制的任务。施工阶段工程投资控制的主要任务是通过工程付款控制、工程费用变更控制、预防并处理好费用索赔、挖掘节约投资潜力来努力实现实际发生的费用不超过计划投资。

（2）进度控制的任务。施工阶段工程进度控制的主要任务是通过完善工程控制性进度计划、审查或实施施工进度计划、做好各项动态控制工作、协调各单位关系、预防并处理好工期索赔，以求实际施工进度达到计划施工进度的要求。

（3）质量控制的任务。施工阶段工程质量控制的主要任务是通过对施工投入、施工和安装过程、产出品进行全过程控制，以及对参加施工的分包和人员的资质、材料和设备、施工机械和机具、施工方案和方法、施工环境等实施全面控制，以期按标准达到预定的施工质量目标。

4.3　总承包项目职责与工作划分

工程总承包项目合同签订后将组建项目部，任命项目经理，实行项目经理负责制。项目部在项目经理的领导开展工程承包建设工作。项目组织机构的形式虽然多样，但基本组成相似，主要由项目经理、现场经理、设计经理、商务经理、施工经理、控制经理、安全经理等职位（部门）构成。

4.3.1　矩阵式组织结构

目前从事总承包项目的公司绝大多采取矩阵式组织结构。矩阵型组织结构的特点是，既有按部门的垂直行政管理体系，也有按照项目合同组建的横向运行管理结构。其最大的优点就是把公司优秀的人员组织起来，形成一个工作团队（Work Team），为完成项目而一起工作，工作团队的领导核心是项目经理，项目经理直接向公司高级领导层负责。

4.3.2　组织机构

总承包组织机构在项目合同签订后即行组建。根据项目的大小复杂程度、技术难度，其规模也不同。下表根据目前国内大多数总包公司的组织模式统计得出。表中"项目部人数"是指在项目管理过程中核心的管理团队人数。实际上要完成一个 EPC 项目的全过程不是几个人所能全部承当的，需要 EPC 工程公司各行政部门的大力支持和配合才能取得成功，这些部门是项目部的中坚后盾和智囊。

总承包项目管理的内容与程序必须体现承包商企业的决策层、管理层（职能部门）参与的由项目经理部实施的项目管理活动。

项目管理的每一过程，都应体现计划、实施、检查、处理（PDCA）的持续改进过程。

4.3.3　项目部的管理内容

总承包项目部的管理内容应由承包商法定代表人向项目经理下达的"项目管理目标责任书"确定，并应由项目经理负责组织实施。在项目管理期间，由雇主方以变更令形式下达的工程变更指令或承包商管理层按规定程序提出的导致的额外项目任务或工作，均应列入项目管理范围。

项目管理应体现管理的规律，承包商将按照制度保证项目管理按规定程序运行。

如果承包商指定工程咨询公司进行项目管理时，工程咨询公司成立的项目经理部应按承包商批准的"咨询工作计划"和咨询公司提供的相关实施细则的要求开展工作，接受并配合承包商代表的检查和监督。

项目管理的内容应包括：编制"项目管理规划大纲"和"项目管理实施计划"，项目进度控制，项目成本控制，项目质量控制，项目安全控制，项目技术管理、项目物资供应管理、项目施工和现场管理、项目开车管理、项目合同管理，项目会议和文件管理，项目信息管理，项目组织协调，人力资源管理，项目资金管理，项目考核评价等。

4.3.4 项目管理的程序

项目管理的程序应依次为：选定项目经理，项目经理接受企业法定代表人的委托组建项目经理部，编制项目管理规划大纲，企业法定代表人与项目经理签订"项目管理目标责任书"，项目经理部编制"项目管理实施计划"，进行项目开工会前的准备，项目实施期间按"项目管理实施计划"进行管理，在项目竣工验收阶段进行竣工结算、清理各种债权债务、移交资料和工程，进行经济分析，做出项目管理总结报告并送承包商企业管理层对项目管理工作进行考核评价并兑现"项目管理目标责任书"中的奖惩承诺，项目经理部解体。

4.4 总承包项目管理岗位安排

4.4.1 岗位基本内容

（1）项目组织机构和项目组成员根据策划确定。

（2）总承包项目组的基本成员包括：项目经理、项目控制经理、质量经理、设计经理、采购经理、施工经理、开车经理、进度计划工程师、费用控制工程师、项目秘书（项目组的其他成员通常不集中办公）。

（3）按矩阵管理原则，项目组成员由项目经理提出，经协商，由职能和专业部室派出；如有矛盾，由公司协调。

（4）重要项目对项目组成员要进行个人能力评审和整体能力评审。

4.4.2 总承包项目关键人员配置（参考）

以合同总额确定项目部人数岗位设置

1500 万以下：3～4 人 项目经理（兼现场经理、施工经理、设计经理）、采购经理、安全与控制经理、施工经理、技术工程师（根据复杂程度）。

1500 万～5000 万：4～6 人 项目经理（兼现场经理）、设计经理、施工经理、商务经理、安全与控制经理、采购经理、技术工程师（根据复杂程度）。

5000 万～1 亿：6～12 人 项目经理（兼现场经理）、设计经理、施工经理、商务经理、安全与控制经理、现场经理、采购经理、安全工程师、技术工程师（根据复杂程度）、信息管理员。

1 亿～5 亿：15～30 人 项目经理、项目副经理、设计经理、现场经理、施工经理、商务经理、采购经理、开车经理、控制经理、安全经理安全工程师、技术工程师、信息管理员、现场设计小组、财务经理、行政经理等。

4.4.3 项目关键人员的职责分工

1. 项目经理

（1）项目经理的职责。项目经理是 EPC 工程项目合同中的授权代表，代表总承包商在项目实施过程中承担合同项目中所规定的总承包商的权利和义务。

项目经理负责按照项目合同所规定的工作范围、工作内容以及约定的项目工作周期、质量标准、投资限额等合同要求全面完成合同项目任务，为顾客提供满意服务。

项目经理按照总包公司的有关规定和授权，全面组织、主持项目组的工作。根据总承包商法定代表人授权的范围、时间和内容，对开工项目自开工准备至竣工验收，实施全过程、全面管理。

（2）项目经理的主要工作任务。

1）建立质量管理体系和安全管理体系并组织实施。

2）在授权范围内负责与承包商各职能部门、各项目干系单位、雇主和雇主工程师、分包商和供货商等的协调，解决项目中出现的问题。

3）建立项目工作组，并对项目组的管理人员进行考核、评估。

4）负责项目的策划，确定项目实施的基本方法、程序，组织编制项目执行计划，明确项目的总目标和阶段目标，并将目标分解给各分包商和各管理部门，使项目按照总目标的要求协调进行。

5）负责项目的决策工作，领导制订项目组各部门的工作目标，审批各部分的工作标准和工作程序，指导项目的设计、采购、施工、开车以及项目的质量管理、财务管理、进度管理、投资管理、行政管理等各项工作，对项目合同规定的工作任务和工作质量负责，并及时采取措施处理项目出现的问题。

6）定期向公司的项目上级主管部门报告项目的进展情况及项目实施中的重大问题，并负责请求公司主管和有关部门协调及解决项目实施中的重大问题。

7）负责合同规定的工程交接、试车、竣工验收、工程结算、财务结算，组织编制项目总结、文件资料的整理归档和项目的完工报告。

2．现场经理

（1）现场经理的职责。在项目经理不在现场时，全面履行项目经理的职责。负责项目合同的施工、设计修改、工程交接、竣工验收、工程结算、现场财务结算工作。

（2）现场经理的主要工作任务。现场经理由总包公司任命，代理项目经理履行由项目经理授权的项目施工现场工作的项目经理负责的管理职责，经项目经理授权，现场经理的主要工作任务有：

1）对施工现场的项目组内部管理。

2）对施工现场的分包商、供货商的管理和协调工作。

3）代表项目经理对施工现场与雇主代表的协调、沟通工作。

4）授权范围内签订项目现场的小额材料、设备的采购、施工分包、设计变更修改、工程量增减变更等工作。

3．设计经理

（1）设计经理的职责。

1）在项目经理的总体领导下，负责项目的设计工作，全面保证项目的设计进度、质量和费用符合项目合同的要求。

2）在设计中贯彻执行公司关于设计工作的质量管理体系。

（2）设计经理的主要工作任务。

1）根据项目合同，与雇主沟通，编制设计大纲，组织和审查设计输入。

2）在项目经理的领导下，组织设计团队，确定设计标准、规范，制订同意的设计原则并分解设计任务。

3）组织召开设计协调会议，负责与其他设计分包商的管理和协调工作。

4）根据项目经理、现场经理的要求执行和审查设计修改。

5）根据项目实施进度计划向采购部门提交必需的技术文件，并要求采购部门及时返回供货商的先期确认条件作为施工设计的基础文件。

6）组织技术人员对采购招标的技术标评审。会同商务经理、控制经理就投资费用的控制、进度等召开协调会议，并就在进度、费控方面的问题及时报告给项目经理。

7）协同安全经理，对设计文件中涉及安全、环保问题的审查。

8）组织处理项目在采购、施工、开车和竣工保修阶段中出现的设计问题。

9）组织各设计专业编制设计文件、并对设计文件、资料等进行整理、归档，编写设计完工报告、总结报告。

4．施工经理

（1）施工经理的职责。

1）负责项目的施工的组织工作，确保项目施工进度、质量和费用指标的完成。

2）负责对分包商的协调、监督和管理工作。

3）未设现场经理时，在项目经理的授权下代行现场经理职责。

（2）施工经理的主要工作任务。

1）在项目设计阶段，从项目的施工角度对项目工程设计提出意见和要求。

2）按照合同条款，核实并接受业主提供的施工条件及资料，如坐标点、施工用水电的接口点、临时设施用地、运输条件等。

3）根据项目合同，编制施工计划，明确项目的施工工程范围、任务、施工组织方式、施工招标管理、施工投标管理、施工准备工作以及施工的质量、进度、费用控制的原则和方法。

4）根据总进度计划，编制施工计划、设备进场计划、费用使用计划，经项目经理批准后执行。

5）编制和确定施工组织计划，施工方案、施工安全文明管理等；制订工作程序和现场各岗位人员的职责，组织施工管理工作团队，报项目经理批准执行。

6）建立材料、设备的检查程序，建立仓库管理。协同安全经理对施工过程中的安全、环卫的管理。

7）会同商务经理和采购经理设备进场交接工作。

8）会同控制经理，执行费用控制计划，进度控制计划。

9）组织对施工分包投标的技术标评审工作。

10）在项目经理的授权下签订小额分包合同。编制项目施工竣工资料，协助项目经理办理工程交接。编制项目完工报告，施工总结。

5．商务经理

（1）商务经理的职责。

1）负责项目的商务工作，主要包括：EPC 合同的商务解释、合同商务条款修改的审核，投标文件的商务条款的编制和审查，分包和采购合同的商务审查。

2）负责项目的分包计划、投资控制，采购的进度、质量和费用指标。

3）负责与供应分承包商的工作联系和协调。

（2）商务经理的主要工作任务。

1）在项目经理的领导下，编制费控大纲和项目资金使用计划书。

2）按项目工作分解结构进行项目费用分解，经项目经理审核、批准后形成分项工程预算，并下达到项目的设计、采购、施工经理，作为项目各阶段费用控制的依据。

3）在项目实施过程中，定期监测和分析费用发展的趋势，并就费用使用状态、费用使用计划、资金风险及时报告项目经理。

4）当项目出现重大变更时，配合进行相应的费用估算和商务谈判。

5）根据总进度计划，编制采购计划书和详细进度计划，明确项目采购工作的范围、分工、采购原则、程序和方法。

6）选择合格的设备和材料供应商，并报项目经理批准，如合同要求，还需报业主批准。

7）编制和审查投标文件、招标文件的商务文件。

8）负责采购招标、合同签订。

9）组织设备和材料的催交、检验、监制、运输、验收、交接工作。会同项目控制经理，制订项目总体控制目标，并检查执行。编制采购完工报告。

6. 控 制 经 理

（1）控制经理的职责。

1）协助项目经理或现场经理做好现场施工分包商的管理和协调工作。

2）协助项目经理负责项目的进度控制和管理。

3）现场项目组与公司其他部门的协调工作，包括人事考核、上级检查、文件审核等工作。

4）负责与商务经理就设备和材料的进场退场及实施进行协调和管理。

（2）控制经理的主要工作任务。

1）在项目经理的领导下，汇总编制项目的详细的全面的进度计划，并形成总进度表、月进度计划表、周进度计划表，分发各相关单位和部门经理。

2）监督上述进度计划的执行情况，并就进度计划的调整协调。

3）对分包商文件、资料、批文进行管理，对分包商的现场行为、实施状态进行监督，并编制检查报告提交项目经理。

4）对监理方、业主和其他第三方来文件进行管理，并分发和监督回复。

5）确定设备和材料具体的进场时间和顺序，及时与商务经理协调，以配合现场施工进度。

6）负责现场的信息管理，文件资料管理，编制现场管理日志。

7. 安 全 经 理

（1）安全经理的职责。

1）负责组织合同项目的安全管理工作。

2）负责监督、检查项目设计、采购、施工、开车的安全工作。

（2）安全经理的主要工作任务。

1）在项目合同中正确贯彻执行国家和地方劳动、安全、卫生、消防、环保等方面的安全方针、安全法规。

2）编制项目的安全、卫生、环保管理计划书，并监督、检查实施情况。

3）监督、检查各分包商专职安全工程师的工作，并编制安全检查日志和安全预警报告。

4）审查设计文件、施工文件内有关安全、卫生、消防、环保等方面的问题。

5）建立项目现场的安全、卫生、消防、环保管理体系和设施。

6）负责临时设施（临时水、电、道路，临时建筑物）建设和管理，负责门卫人员、环卫清洁人员、安全巡查人员的管理工作。

7）处理安全问题、事故紧急处理。

8）负责与项目所在地的安全、卫生、消防、环保等部门的工作联系。

9）负责编写项目安全报告。

第5章 总承包项目设计管理

5.1 项目设计任务

5.1.1 工程总承包项目设计管理概述

总承包项目设计管理的任务包括：

（1）组织工程总承包项目的总体规划方案设计。大型工业交通及基础设施项目或由群体工程组成的公共建筑项目，通常是由业主先期组织总体规划方案设计；只有当建设项目可以由一家工程总承包企业进行总承包时，工程总承包企业才必须进行总体规划方案设计。总体规划方案的主要内容包括：

1）功能组织和总体布局。

2）总图运输（道路交通）和竖向设计。

3）各主要工程设计方案的基本确定。

4）建设公害对策和环境保护工程。

5）各项规划参数和指标。

（2）组织工程总承包项目的方案设计。如果工程总承包项目属于整个建设项目的一个子系统，而且项目的建筑方案已包括在建设项目的总体规划设计中，则工程总承包方可根据已有方案设计进行扩初设计；只有当工程总承包项目是独立的建设工程时，必须组织项目的方案设计，而且方案设计对整个工程设计起着举足轻重的作用。方案设计的基本内容包括：

1）平面空间功能组织。

2）建筑风格和立面处理。

3）建筑构造和主要性能。

4）建筑环境和配套工程。

5）建筑设备选型的意向确定。

6）各项设计参数和指标。

（3）组织扩初设计。扩初设计是在方案设计的基础上进行。方案设计的过程通常是采取方案征集，在进行多方案比较的基础上选择最佳方案，因此，扩初设计是以所选定的设计方案为基础，进行深化设计，并且把相关方案的优点进行综合应用。因此，扩初设计从本质上说仍然是方案设计的深化设计，但它比方案设计更具体，有较准确的平、立、剖面图，主要节点构造图和结构布置图，可供业主决策和政府当局的审查批准。

（4）组织施工图设计。

（5）工程设计的工作模式（图5-1）。所谓工程设计的工作模式是指设计工作如何展开、逐步深化和相互衔接的方式。我国的工程设计模式和国外不同。国内在长期的设计实践中，根据项目的复杂程度和实际需要，采用两阶段设计和三阶段设计两种工作模式。两阶段设计包括扩初设计和施工图设计；三阶段设计由初步设计、技术设计和施工图设计三个阶段组成。而方案设计和总体设计则属于独立设计环节。国外的一般做法是在业主委托完成基本设计（比方案设计深，介于方案设计与扩初设计之间）的条件下，由工程总承包企业进行施工图设计。因此，设计工作模式并非一成不变，应结合具体工程特点和实际需要，灵活应用。

5.1.2 工程总承包项目设计管理的目标

（1）保证工程总承包合同规定的使用功能和标准，符合业主投资决策所明确的项目定位要求。

（2）保证项目的设计工作质量和设计成果质量，为工程产品质量打好基础。

（3）在质量保证的前提下，做好设计阶段的项目投资（概算造价）控制。

（4）进行设计总进度目标控制，保证设计进度和施工进度的配合。

（5）贯彻建设法律法规和各项强制性标准，执行建设项目安全、职业健康和环境保护的方针政策。

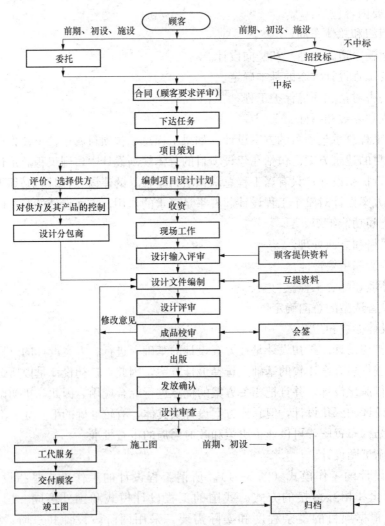

图 5-1　工程设计主要生产流程图

设计成品交付流程计划工程师——→项目设总——→出版——→项目设计部——→项目现场

5.2　设计管理的组织机构

5.2.1　工程总承包项目设计管理的组织

（1）工程总承包企业应委派工程总承包项目设计经理，并配备专业构成基本齐全的设计管理人员，组成工程总承包项目管理组织的设计管理部门，在工程总承包项目总经理的直接领导下，开展全过程的设计管理工作。这些专业的设计管理人员，应包括：

1）建筑师。

2）工程结构工程师。

3）机电设备工程师。

4）电气工程师（含强电、弱电）。

5）工艺工程师（生产性项目）。

6）造价工程师。

7）建造师。

（2）按照工程总承包企业的培育和发展要求，工程总承包企业应具有基本设计资质。

因此，工程总承包项目的设计任务通常由企业的设计部门来承担，设计部门根据设计项目的性质和特点，配备相应的设计人员组成设计小组，开展设计工作并进行设计项目管理，设计小组成员或其专业负责人可包含上述工程总承包项目的设计管理人员。

（3）根据工程总承包项目设计任务的需要，可以组织设计分包，如设计方案的征集、专业设计的分包以及聘请专业设计顾问等。

5.2.2　项目设计计划与实施

设计进度控制的最终目标就是按质、按量、按时间要求提供施工图设计文件。在这个总目标下，设计进度控制还应有阶段性目标和分专业目标。

工程设计主要包括设计准备工作、初步设计、技术设计、施工图设计等阶段，为了确保设计进度控制总目标的实现，每一阶段都应有明确的进度控制目标，即：

（1）设计准备工作时间目标。设计准备工作阶段主要包括规划设计条件的确定、设计基础资料的提供以及委托设计等工作。它们都应有明确的时间目标。设计工作能否顺利进行，以及能否缩短设计周期，与设计准备工作时间目标的实现关系极大。

（2）方案设计的时间目标。

（3）扩初设计的时间目标。

（4）施工图设计的时间目标。施工图设计是工程设计的最后一个阶段，其工作进度将直接影响工程项目的施工进度，进而影响工程建设进度总目标的实现。因此，必须确定合理的施工图设计交付时间目标，确保工程建设设计进度总目标的实现，从而为工程施工的正常进行创造良好的条件。

（5）专业设计的目标。为了有效地控制工程建设的设计进度，还可以把各阶段设计进度目标具体化，将它们分解为分目标。如可以把施工图设计时间目标分解为基础设计时间目标、结构设计时间目标、装饰设计时间目标及安装图设计时间目标等。这样，设计进度控制目标便构成了一个从总目标到分目标的完整的目标体系。

5.2.3　设计进度控制的方法

（1）计划预控。

1）建立明确的进度目标，并按项目的分解建立各分解层次的进度分目标，从而保证局部进度的控制，进而实现总体进度的控制。

2）编制或审核设计总进度计划。设计阶段项目管理的主要任务就是要保证设计任务按期完成。审核的内容包括：项目的划分是否合理；有无重项或漏项；进度在总的时间安排上是否符合合同中规定的工期要求。

3）审核单位工程设计进度计划。主要内容有进度安排是否满足合同规定的工期；进度计划的安排是否满足科学性、均衡性等。

4）审核设计人员、资源配置和管理措施是否可行。

（2）过程进度控制。过程进度控制是指项目设计过程中进行的进度控制，这是设计进度计划能否付诸实现的关键过程。进度控制人员一旦发现实际进度与目标偏离，必须及时采取措施，纠正这种偏差。过程进度控制的具体内容包括：

1）要定期地检查计划，调整计划，使设计工作始终处于可控状态。

2）自我控制与他人控制。从控制理论的角度来看，自我控制是指组织自身和每个成员，都要注重充分发挥工作能力和效率，约束自己的行为，按计划要求的行动方案和时间去完成属于自己的一份工作任务目标。他人控制则指组织内部或外部的监控者对当事人行为和效果的监督控制。

3）严格控制设计质量，尽量减少施工过程中的设计变更，尽量将问题解决在设计过程中。

4）严格进行进度检查。项目管理人员要亲临现场检查工作量的完成情况，为进度分析提供可靠的数据资料。

5）对收集的进度数据进行整理，并将计划与实际进度比较，从中发现是否出现偏差。

6）组织定期或不定期的协调会，及时分析，通报设计进度状况，并协调各专业之间的设计。

（3）纠偏控制。在项目设计实施过程中，要求项目管理方经常地、定期地对进度的执行情况进行跟踪检查，发现问题，及时采取有效措施加以解决。

进行设计实际进度与计划进度的比较，如将实际的完成量、实际完成的百分比与计划的完成量、计划完成的百分比进行比较。通过比较如发现实际进度比计划拖后就要分析原因，采取纠偏措施。

对进度延迟的原因需进行客观的分析，进度延迟可能由于计划制订的偏差，设计人员工作效率低，也可能由于设计参数和条件提供不及时或业主的变更造成，针对不同的原因可以采取相应的管理手段。

5.2.4　设计进度控制的措施

（1）组织措施。组织措施分为两个内容：一是项目管理方本身要建立"进度控制者（部门）"的人员，落实具体控制任务和管理职能分工；二是要求设计单位健全领导机构和进度计划执行与下达的职能部门。

1）对工程项目按照进展阶段、合同结构等进行分解，把工程控制性进度点列为监理、监督、检查的重点。

2）建立定期的进度协调工作制度，在总进度计划确定后，抓分年度、季度、月度的进度目标管理，实现以月保季，以季保年的进度目标。

3）项目管理者还要对影响进度目标实现的组织干扰等因素进行分析。

（2）技术措施。

1）学习掌握新技术、新材料的发展情况，认真做好引进应用工作。

2）创造性地进行成熟先进标准设计的成套推广应用或局部引进集成应用，以提高设计质量，加快设计进度。

3）全面普及应用 CAD 技术，在人才培训，软件开发等方面多下功夫，充分发挥 CAD 技术系统的作用。

（3）经济措施。在进度控制工作中，总承包项目管理者要采取适当的激励措施，把设计人员的工作绩效与各人利益合理挂钩得更紧，调动设计人员的积极性。

5.3　项目设计控制

5.3.1　工程设计的质量控制

设计质量是指在严格遵守技术标准、法规的基础上，正确处理和协调资金、资源、技术、环境条件的制约，使设计项目能更好地满足业主所需要的功能和使用价值，能充分发挥项目投资的经济效益。

工程设计阶段的项目管理，其核心仍是对项目三大目标（投资、进度、质量）的控制。我国工程质量事故统计资料表明，由于设计方面的原因引起的质量事故占 40.1%。因此，对设计质量严加控制，是顺利实现工程建设三大控制目标的有力措施。

1. 设计输入控制

设计输入是设计的依据和基础，是明确业主的需求、确定产品质量特性的关键，是解决模糊认识的有效途径，设计输入（包括更改和补充的内容）应形成文件，并经仔细、认真地分级评审和审批。在工程设计中，设计输入可以通过设计任务书、开工报告、设计作业指导书、设计输入表等形式出现。每个项目的各阶段设计均应规定设计输入要求，并形成文件。

（1）设计输入的内容。设计输入要求文件通常应包含以下内容：

1）设计依据（包括业主提供的设计基础资料）。

2）据合同要求确定的设计文件质量特性，如适用性（功能特性）、可信性。

3）本项目适用的社会要求。

4）本项目特殊专业技术要求。

以上各项内容均应考虑合同评审活动的结果。有关设计输入要求的文件应由组织的高层管理者或由其授权的人员审批（评审），提出审批意见并签署，对不完善的、含糊或矛盾的要求应会同输入文件的编制人协商解决。

（2）设计输入控制的方法。

1）从批准的项目可行性研究报告出发，对业主的投资意图、所需功能和使用价值正确地进行分析、掌握和理解，以便正确处理和协调业主所需功能与资金、资源、技术、环境和技术标准、法规之间的关系。

2）对建设现场进行调研，对土地使用要求、环保要求、工程地质要求和水文地质勘察报告、区域图，以及动力、资源、设备、气象、人防、消防、地震烈度、交通运输、生产工艺、基础设施等资料，进行调查核实，并进行必要的调整，以确保设计输入的可靠性。

3）设计合同评审。勘察设计合同是建设单位与设计单位签订的为完成一定的勘察、设计任务，明确双方权利、义务的协议。合同签订前组织内部均应进行评审。合同的主要条款应包括：

①建设工程名称、规模、投资额、建设地点。

②委托方提供资料的内容，技术要求及期限，承包方勘察的范围、进度和质量，设计的阶段、进度、质量和设计文件份数。

③勘察、设计取费的依据，取费标准及拨付办法。

④违约责任。

⑤其他约定条款。

4）设计纲要的编写。在设计控制中，正确掌握设计标准，编制设计纲要是确保设计质量的重要环节。因为设计纲要是确定工程项目质量目标、水平、反映业主建设意图、编制设计文件的主要依据，是决定工程项目成败的关键。若决策不当，设计纲要编制失误，就会造成最大的失误。设计纲要由设计监理单位编写。已设计建成的同类型的建设项目，可以起重要的参考作用。如建筑物的面积指标、总投资控制及投资分配、单位面积的造价控制，以及结构选型、设备采购、建设周期等，对新的设计具有参考价值。"设计输入控制是设计控制的重要步骤，是设计控制成败的关键。搞好设计输入控制，可以为工程设计中其他阶段的控制打下良好的基础。

2. 设计输出控制

设计输出应形成文件。各设计阶段的设计输出文件的内容、深度和格式应符合以下要求：符合合同和有关法规的要求；能够对照设计输入要求进行验证和确认；满足设计文件的可追溯性要求。通用设计输出除了应满足设计输入要求外，还应包含或引用施工安装验收准则或规范；标出与建设工程的安全和正常运作有重大关系的设计特性。

（1）设计输出的内容。

设计输出应形成文件，用以验证和确认设计输出文件是否满足设计输入的要求。工程设计输出的文件应包括设计图纸、设备表、说明书、概预算书、计算书等。针对具体的工程设计，设计文件包括投标书和报价书、预可行性研究报告、项目建议书、可行性研究报告、矿区必要的计算书。设计输出文件应满足设计输入的要求，同时还应包含引用验收标准，标出和说明与工程项目安全、正常操作、使用维修等关系重大的设计特征，对施工阶段的图纸还应满足施工和安装的需要。

设计文件的编制必须贯彻执行国家有关工程建设的政策和法令，应符合国家现行的建筑工程建设标准、设计规范和制图标准，遵守设计工作程序。

各阶段设计文件要完整，内容、深度要符合规定，文字说明、图纸要准确清楚，整个设计文件经过严格校审，避免"错、漏、碰、缺"，在项目决策以后，建筑工程设计一般分为初步设计和施工图设计两个阶段。大型和重要的民用建筑工程，在初步设计前，应进行设计方案优选。小型和技术要求简单的建筑工程，可以方案设计代替初步设计。在设计前应进行调查研究，搞清与工程设计有关的基本条件，收集必要的设计基础资料，进行认真分析。

（2）设计输出控制方法。

1）设计深度控制。初步设计文件和施工图设计文件均需按照建设部建筑工程设计文件编制深度或行业设计文件编制深度的要求去做。以建筑工程为例，初步设计文件编制深度应满足审批的要求，符合可行性研究报告，能据以确定土地征用范围，准备主要设备及材料，提供工程设计概算，作为审批确定项目投资的依据，并能作为施工图设计和施工准备的依据。

施工图设计文件编制深度，应满足编制施工图预算和安排材料、设备订货、非标准设备制作的要求。能据以进行施工和安装，并可作为工程验收的依据。

2）专业间一致性控制。专业间一致性控制是工程设计控制的具体内容之一。一项工程的设计是一项系统工程，需要各专业密切协作、有机配合、才能保证其质量；参与设计的各专业内容自身亦是一个系统，是考虑各方面的因素综合而成的。以建筑工程设计为例，专业分为九个，即总平面、建筑、结构、给水排水、电气、弱电、采光通风与空气调节、动力和技术经济（设计概算和预算）。

为了保证九个专业内容协调一致，避免"错、漏、碰、缺"，应采取相应的对策措施，如例会制度、会签制度、各专业互提资料制度等。表 5-1 列出了建筑工程设计三个主要专业的互提资料要求。

表 5-1　　　　　　　　　　施工图设计专业互提的资料深度规定

序号	专业类别	内容
1	建筑专业	（1）总平面图、建筑定位、相对标高和绝对标高、道路、绿化
		（2）平立剖面（轴线及主要控制尺寸、内外标高）、层间名称
		（3）门窗表、建筑墙体、楼层、屋面等主要做法说明
		（4）建筑上预留孔尺寸、悬挑部分尺寸
		（5）使用上的特殊荷载及设备情况、吊车型号
		（6）环保屏蔽、防火、防磁、防震、防爆、防辐射、防腐蚀、防尘等特殊要求
2	结构专业	（1）基础埋深和各层结构平面中主要构件顶底标高
		（2）墙身厚度要求
		（3）所有构件位置尺寸断面
		（4）沉降缝、抗震缝位置主要尺寸
3	机电设计专业	（1）设备孔洞、管道、井、沟、栅、吊车位置、尺寸、标高
		（2）设备位置、荷重振动情况尺寸
		（3）水箱、电梯的设备位置、荷重、尺寸、标高等
		（4）设备专用房要求

注：以上各专业互提的资料均需用书面或图纸形式表示，有关人员签字随设计资料存档。

3）设计文件审核程序控制设计图纸是设计工作的最终成果，它又是工程施工的直接依据，所以，对设计文件按规定程序进行审核，是设计阶段质量控制的重要手段。

（3）设计质量的控制措施。

1) 建立和实施设计质量管理体系。建立科学的质量管理和质量保证体系，贯彻质量管理标准，提高设计质量、水平和效率，制定和完善工作标准、管理标准，是设计单位实施设计控制的基础和保证，是转换经营机制，自觉走向市场经济的实际行动。我国国家标准 GB/T 19000 已等同采用 ISO 9000 系列标准。

ISO 9001 标准是 ISO 9000 族标准中关于设计、开发、生产、安装和服务的管理要求，是从产品的设计、开发、生产、安装和服务的全过程来控制产品的质量。对于设计行业来说，向顾客提供的最终产品是设计文件，基于这一特点，工程设计行业在贯彻 ISO 9001 标准的 7.3 "设计开发过程"时，应在充分理解标准要求含义的基础上，紧密结合行业实际，准确运用、合理转化，以确保便于操作和运行，使工程设计产品质量得到有效控制。

2) 推行设计项目管理。在设计项目经理负责制及技术责任制下进行设计目标控制。

3) 提高设计人员素质。

4) 积极应用现代设计手段。计算机技术日新月异的发展为计算机辅助设计提供了有力的技术支撑，而计算机的应用是设计单位提高设计水平、参与市场竞争的必要条件，应该使设计人员全面掌握 CAD 技术，提高设计水平。

5.3.2 工程设计进度控制

设计进度的影响因素如下：

(1) 技术因素。设计周期的长短，一般取决于建设项目的性质、规模，难易程度、技术要求、工作量大小等因素。一般小型项目的初步设计时间为 3～6 个月；一个中型的初步设计，大约需要半年至 1 年；一个大型项目需要 1～2 年；一个特大型项目则需要好几年。

另一方面，设计周期的长短还取决于工程建设项目的一切技术细节，如建筑物结构、施工工艺流程、设备系统、地基条件等。

(2) 组织管理因素。影响设计进度目标的因素并不只是设计单位，还涉及监理班子中进度控制部门的人员，具体控制任务和管理职能分工合作，以及建设单位、政府管理部门和有关单位的相互协调配合，设计总包与分包之间的配合，现代管理手段及设计人员素质等因素，因此只有处理好各方面的协调，才能有效地控制设计进度。

(3) 信息资料因素。设计进度目标的实现需要不断的搜集、掌握、分析，汇总与进度有关的资料。不仅如此，还要搜集掌握材料、设备的供应情况。利用计算机信息处理系统不断加工，汇总，形成具有说服力的设计进展情况分析成果。通过经济性的计划进度与实际进度的动态比较，定期向业主提供进度比较报告的信息，使工程设计项目按期完成。

(4) 业主的决策能力和参与意识。业主是设计工作的重要参与者，参与程度随阶段的不同而不同，因能力的差异，业主可以自行或聘请项目管理咨询单位进行项目建设的管理，无论采取何种组织结构形式，关键是要明确各自的权力范围或者说决策范围，如果把项目的所有决策作为一个全集，则业主的决策范围和项目管理方的决策范围这两个子集之和就应恒等于此全集，否则会形成管理真空，造成设计的经常性变更或设计进度的拖延，而且最终完成的设计仍不能很好地体现业主的意图。

在初步设计时，业主需要对设计做出及时的反馈，尤其是面积和功能上的要求。项目的建设处于开放的外部环境中，业主的要求随市场条件的变化会有相应的变化，无论是否变动、无论判断的设计人员的设计是否体现了业主的意图，关键是业主的及时反馈和及早决策，这是从业主的角度保证项目设计目标按期竣工的有效途径之一。

5.3.3　工程设计投资控制

1. 设计阶段投资控制的意义

所谓建设项目投资控制，就是在投资决策阶段、设计阶段、建设项目发包阶段和建设实施阶段把建设项目投资的发生控制在批准的投资限额之内，随时纠正发生的偏差，以保证项目投资管理目标的实现，以求在各个建设项目中能合理使用人力、物力、财力，取得较好的投资效益和社会效益。

项目投资控制贯穿于项目建设全过程，图 5 - 2 描述不同建设阶段投资控制的可能性和作用大小。从该图可看出：

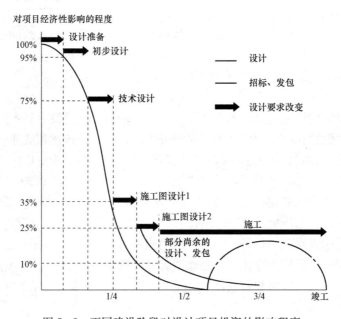

图 5 - 2　不同建设阶段对设计项目投资的影响程度

（1）影响项目投资最大的阶段，是约占工程项目建设周期 1/4 的技术设计结束前的工作阶段。在初步设计阶段，影响项目投资的可能性为 75%～95%。

（2）在技术设计阶段，影响项目投资的可能性为 35%～75%。

（3）在施工图设计阶段，影响项目投资的可能性则为 5%～35%。在建设工程总承包的情况下，总承包企业承担项目的工程设计任务。因此，在设计阶段的投资控制，既是为业主履行工程项目总投资目标控制的职责，也是总承包企业自身追求概算造价目标控制，实现总承包项目经营预期效益的需要。

很显然，项目投资控制的关键在于施工以前的投资决策和设计阶段，而在项目作出投资决策后，控制项目投资的关键就在于设计。建设工程全寿命费用包括项目投资和工程交付使用后的经常开支费用（含经营费用、日常维护修理费用、使用期内大修理和局部更新费用）以及该项目使用期满后的报废拆除费用等。据西方一些国家分析，设计费一般只相当于建设工程全寿命费用的 1% 以下，但正是这少于 1% 的费用却基本决定了几乎全部随后的费用。由此可见，设计质量对工程建设的效益是何等重要。

长期以来，我国普遍忽视工程建设项目前期工作阶段的投资控制。而往往把控制项目投资的主要精力放在施工阶段——审核施工图预算、合理结算建安工程价款，算细账。这样做尽管也有效果，但毕竟是"亡羊补牢"，事倍功半。要有效地控制建设项目投资，就要坚决地把工作重点转到建设前期阶段上来，当前尤其是要抓住设计这个关键阶段，未雨绸缪，以取得事半功倍的效果。

2. 设计阶段投资控制的目标

控制是为确保目标的实现而服务的。一个系统若没有目标，就不需要、也无法进行控制。目标的设置应是很严肃的，应有科学的依据。

工程项目建设过程是一个周期长、数量大的生产消费过程，建设者在一定时间内占有的经验知识是有限的，不但常常受着科学条件和技术条件的限制，而且也受着客观过程的发展及其表现程度的限制（客观过程的方面及本质尚未充分暴露），因而不可能在工程项目伊始，就能设置一个科学的、一成不变的投资控制目标，而只能设置一个大致的投资控制目标，这就是投资估算。随着工程建设实践、认识、再实践、再认识，投资控制目标一步步清晰、准确，对项目总承包方，这就是在总承包项目投资估算的条件下，进行设计概算、设计预算控制。

具体来讲，投资估算应是设计方案选择和进行初步设计的建设项目投资控制目标；设计概算应是进行技术设计和施工图设计的项目投资控制目标；设计预算或建筑安装工程承包合同价则应是施工阶段控制建筑安装工程投资的目标。有机联系的阶段目标相互制约，相互补充，前者控制后者，后者补充前者，共同组成项目投资控制的目标系统。

项目建设时的基本任务是对建设项目的建设工期、项目投资和工程质量进行有效的控制，这三大目标可以表示成如图 5-3 所示。

项目的三大目标组成系统，是一个相互制约相互影响的统一体，其中任何一个目标的变化，势必会引起另外两个目标的变化，并受到它们的影响和制约。

3. 设计阶段投资控制的原理

长时期来，人们一直把控制理解为目标值与实际值的比较，以及当实际值偏离目标值时，分析其产生偏差的原因，并确定下一步的对策。在工程项目建设全过程进行这样的项目投资控制当然是有意义的。但问题在于，这种立足于调查—分析—决策基础之上的偏离—纠偏—再偏离—再纠偏的控制方法，只能发现偏离，不能使已产生的偏离消失，不能

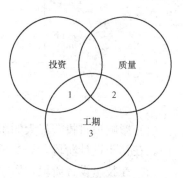

图 5-3 项目建设目标系统

预防可能发生的偏离，因而只能说是被动控制。自 20 世纪 70 年代初，人们开始将系统论和控制论的研究成果用于项目管理，将"控制"立足于事先主动地采取决策措施，以尽可能地减少以至避免目标值与实际值的偏离，这是主动的、积极的控制方法，因此被称为主动控制。

4. 设计阶段投资控制的方法

(1) 投资规划的编制。投资规划在方案设计前、方案设计、初步设计或技术设计、施工图设计完成后分别编制，作为下一阶段投资控制的依据，也可以应业主要求，每隔一定的时间段编制。投资规划服务于投资控制，它的修正和调整有一定的限度，一般根据项目的复杂

程度和设计深度，确定某一设计深度下的投资估算为基础的投资规划作为设计的最终参数。对一些使用权有偿出让土地上的一个项目，方案设计阶段已包括结构体系、基础选型、给水排水、电气、采暖、通风、动力等有关专业的系统图，因此可用方案设计结束后的投资规划作为设计参数，国内投资的项目可用初步设计结束后的投资规划作为设计参数。

设计参数的确定并不是否认前一阶段投资控制的存在，只是说明前一阶段投资计划值（设计估算值）有一定的偏差。其次设计参数的确定也不等于投资计划的消失，设计参数确定后需对投资计划进行分解，形成具体的投资控制目标，在保证总体投资的前提下，具体的投资控制目标可以调整。

投资规划是以投资估算为基础，当设计深度满足工程量计算要求时，可以直接套用地方定额，并按国家和地方有关规定以及市场情况进行调整。从而计算出估算的建造成本，但通常情况下在设计的早期阶段，设计深度不足以计算出工程量，可以采用单位面积指标（UnitArea Model）进行投资估算。单位面积指标来源于将建造成本分解到项目功能单元（Func tional Elements），因此它同时也是按项目功能单元分解的投资规划的基础。单位面积指标是根据对已建成项目成本分析而得到的数据。在实践中，由技术经济人员把存储在信息库中的相似工程的单位面积指标进行时间、质量和数量的修正后得到。用单位面积指标法进行建造成本的估算可用式（5-1）表达：

$$P = \sum_{E=1}^{N} (tq q_u R)_E \tag{5-1}$$

式中　P——项目的建造成本；

　　　E——项目的主要功能单元；

　　　N——项目的主要功能单元数；

　　　t——时间修正参数，并非所有的功能单元修正系数都相同。一般情况下，设备的时间修正系数可以通过市场价格指数得到。土建等其他功能单元的时间修正系数可能通过当前实际招投标价格得到；

　　　q——质量修正系数，主要考虑估价的项目与单位面积指标来源项目在功能单元设计说明上的区别；

　　　q_u——数量修正系数，通常情况下，假设它呈线性变化，即仅仅用估算建筑物面积取代指标来源项目的面积，而不考虑规模变化的经济因素；

　　　R——功能单元的单位面积指标，大多数表示为总建造面积的平方米造价，还可以表示净面积造价。

在估算的建造成本的基础上，再根据目前业主已签订的合同，以发生的其他费用和各项费用所占工程总费用的百分比，再和以往相似工程的造价资料进行比较调整，得到最新的投资规划。

1）投资切块分解。投资切块分解是把投资规划分解为具体的控制目标，分解的原则是为设计工作提供一种指导，有利于设计值与计划值的比较，及时发现问题，采取措施。

同时投资目标的分解应尽量有利于招投标工作的开展。投资目标分解常用方法是"功能单元"（Functional Elements）分解法，即把建造成本分解到建筑的基本功能单元上，在分解的同时，给予相应的编码。

编码是指设计代码，而代码指的是代表事物的名称、属性和状态的符号与数字。代码有两个作用，一是可以为事物提供一个精炼而不含混的记号；二是可以提高数据处理的效率。

由于代码比数据全称要短得多，可以大大节省存储空间和处理时间，查找、运算、排序等都十分方便。

为便于投资控制的比较和分析，如主体、设备、装饰、基础等，同时列明相应的投资计划值、实际计划值、偏差、原因分析。建造成本通常由土建及建筑设备两部分组成，土建的功能单元有些类似于定额中的分项工程。

2）限额设计。限额设计是按批准的设计任务书及投资估算控制初步设计，按照批准的初步设计总概算控制施工图的设计，同时各专业在保证达到使用功能的前提下，按分配的投资限额控制设计，严格控制技术设计和施工图设计的不合理变更，保证投资限额不被突破。项目建设过程中采用限额设计是我国建设领域控制投资支出、有效地使用建设资金的有力措施。

限额设计并非单纯地考虑节约投资，也绝不是简单地将投资砍一刀，而是包含了尊重科学、尊重实际、实事求是、精心设计和保证设计科学性的实际内容。限额设计体现了设计标准、规模、原则的合理确定及有关概预算基础资料的合理取定，通过层层限额设计，实现对投资限额的控制与管理，也就同时实现了对设计规模、设计标准、工程数量与概预算指标等各个方面的控制。

为保证限额设计的工作能够顺利发展，彻底扭转设计概算本身的失控现象，设计单位内部，首先要使设计与概算形成有机的整体，克服相互脱节的状态。

设计人员必须加强经济观念，在整个设计过程中，设计人员要经常检查本专业的工程费用，切实做好控制造价的工作，把技术经济统一起来，改变目前设计过程中不算账，设计完了概算才现分晓的现象。

分段考核。下段指标不得突破上段指标。哪一专业突破控制指标时，应首先分析突破原因，用修改设计的方法解决。问题发生在哪一阶段，就消灭在哪一阶段。责任的落实越接近于个人，效果越明显。责任者应具有相应的权利，是履行责任的前提，为此就应赋予设计单位以及设计单位内部各科室、设计人员对所承担的设计相应的决定权，所赋予的权力要与责任者履行的责任相一致。

而责任者的利益则是促使其认真履行其责任的动力，为此要建立起限额设计的奖惩机制。但是，限额设计也有不足，主要表现在：

①限额设计的本质特征是投资控制的主动性，因而贯彻限额设计，重要的一环是在初步设计和施工图设计前，就对各单项工程、各单位工程、各分部工程进行合理的投资分配，以控制设计，体现控制投资的主动性。如果在设计完成后发现概算超了，再进行设计变更，满足限额设计要求，则会使投资控制处于被动地位，也会降低设计的合理性，因此限额设计的理论及其可操作技术有待于进一步发展。

②限额设计由于突出地强调了设计限额的重要性，使价值工程中有两条提高价值的途径在设计限额中得不到充分运用，即造价不变，功能提高；造价提高，功能有更大程度的提高。尤其是后者，在限额设计中运用受到极大的限制，限制了设计人员的创造性，有些好的设计因设计限额的限制无法实现。

③限额设计中的限额包括投资估算、设计概算、设计预算等，均是指建设项目的一次性投资，而对项目建成后的维护使用费，项目使用期满后的报废拆除费用则考虑较少，因此虽

然限额设计效果较好，但项目的全寿命费用不一定经济。

（2）设计方案的优化。要想在整体上控制工程造价，必须在优化设计上下功夫。一个优秀设计方案，必须在使用上具有适用性，在技术上有可行性、先进性，在经济上有合理性。即适用、经济、美观、安全可靠。优化设计不仅体现在设计阶段，也体现在施工阶段，它贯穿于工程建设的全过程。

1）价值工程方法。

2）全寿命周期成本分析法。全寿命周期成本（Life Cycle Cost Analysis）是一种普遍应用于投资评价的技术经济分析方法，它强调从分析对象的寿命周期全过程考察投资的运用，寿命周期因研究对象的不同而不同，可以为使用寿命期或经济寿命期。

全寿命周期是一个非常重要又常易为设计人员所忽视的概念，设计人员在进行方案、系统、设备、材料等选择时，往往只考虑初始投资，不关心投产以后使用期的成本。工程设计一般不存在唯一，经常处于两个或多个方案间分析、比较和选择过程中。全寿命周期成本分析提供了比较的原则和基础，通过这种分析可以看到，初始投资相同的方案，全寿命周期成本不一定相同；初始投资小的方案，全寿命周期成本反而大，只有按照全寿命周期成本进行选择，才能使业主的投资达到效用最大化。

全寿命周期成本分析过程可以概括为以下四个步骤：

①确定研究对象。

②收集与成本相关的历史数据。

③确定寿命周期和成本模型。

④计算、结果分析和评价。

3）动态管理。设计阶段的投资控制体现着事前控制的思想，是一个动态的管理过程，在确定控制目标后定期地把实际值与计划值加以比较，如两者不相符合，则分析原因，采取相应的措施，把实际值尽量控制在计划值范围内，具体流程如图 5-4 所示。

设计阶段的投资控制不能简单地看作是一种被动控制，很重要的一点在于业主与设计人员的主动而有效地参与。业主应配合设计，完成其责任范围内的事务，不任意发出变更指令，因为变更不仅影响建造成本，同时导致设计费的追加。此外业主也在该项目上的每一笔支出都应有据可查。设计人员在设计中要主动进行技术经济分析，不能任意超投资，设计应建立在对几种可行方案选择的基础之上。

投资控制的对象不同，控制的方法亦不尽相同，对于设计阶段发生费用的控制方法主要是对合同以及内容涉及付款往来函件的跟踪管理。费用发生的主要依据是合同条款、国家或地方有关规定以及实际工作的需要，因此每一笔支出都必须与相关文件复核，保证支出的合理性和数据的准确性。对建筑成本的控制主要采用技术经济方法进行投资挖潜，使业主的投资达到约束条件下效用的最大化。

4）设计、施工一体化的集成管理。边设计、边施工。设计、施工一体化是企业根据设计与施工的内在联系将相关专业分工紧密地结合起来，使设计与施工形成一个有机的整体。

设计、施工一体化，设计师与施工工程师随时相互沟通渗透，充分交流，取长补短，能有效地克服以往设计、施工分立，相互制约和脱节的矛盾；能够在施工环节充分理解设计意图。在方案设计阶段，设计师与施工管理人员沟通，首先做到总体布局科学合理，从方案上克服施工工艺的不合理性，从工艺方案中优选最佳方案；在施工设计阶段，设计师在细节上

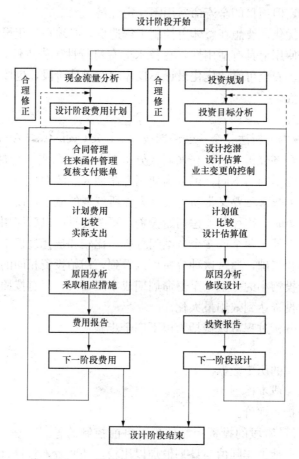

图 5-4　设计阶段投资控制的动态过程

听取施工方面的建议，优化细部设计，使得"三位一体"技术（设计、采购、施工）更加科学、合理。设计、施工深度交叉，密切配合，相互支持，形成最优化的网络计划，显著缩短工程建设周期，提高工程建设质量水平，为打造精品工程打下基础。

设计、施工一体化企业，设计师直接参与施工全过程，与相关市场密切接触，对施工技术要求更加清楚，能直接对工程发生的问题进行改进，既能实现工艺流程、布局的合理，又能简化各种介质流程，达到节能降耗的目的。同时，通过方案优化、专业间沟通配合等多级优化，缩短建设流程，降低建设成本，节约投资。

设计、施工一体化企业对项目进行整体调控，充分把握项目全过程、全方位的进展情况；通过专业的细致分析管理，最大限度地将进度、费用、质量、安全结合在一起，实现资源优化组合，从而使进度、费用、质量、安全控制在既定的目标范围，提高了工程整体管理水平。

设计施工一体化能提供多种方式的全方位工程建设全过程优质服务，实现业主的本质要求目标。

5. 设计阶段投资控制的措施

要有效地控制项目投资，应从组织、技术、经济、合同与信息管理等多方面采取措施。

（1）从组织上采取的措施，包括明确项目组织结构及其投资控制的任务目标，以使投资控制有专人负责。

（2）从技术上采取措施，包括重视设计多方案选择，严格审查监督初步设计、技术设计、施工图设计、深入技术领域研究价值工程等节约投资的方法。

（3）从经济上采取措施，包括动态地比较投资的计划值和实际值，严格审核各项费用支出，采取对节约投资的有力奖励措施等。

应该看到，技术与经济相结合是控制项目投资最有效的手段。长期以来，在我国工程建设领域，技术与经济相分离。我国工程设计人员的技术水平、工作能力和知识。跟外国同行相比也有自己的特点和优势，但往往因缺乏经济观念，造成设计思想保守，规范落后。把如何节省项目投资，看成与己无关、认为是财会人员的职责；而财会、概预算人员主要责任是根据财务制度办事，他们往往不熟悉工程知识，也较少了解工程进展中的各种关系和问题，往往单纯地从财务制度角度审核费用开支，难以有效地控制项目投资。为此，当前迫切需要解决的是以提高项目投资效益为目的，在工程建设过程中把技术与经济有机结合，正确地处理技术先进与经济合理两者之间的对立统一关系，力求在技术先进条件下的经济合理，在经济合理基础上的技术先进，把控制项目投资观念渗透到各项设计和施工技术措施之中。

5.4　项目设计与现场的沟通

为保证现场的服务质量，将选派符合或优于招标书要求的人员作为现场工地代表。对主要专业设非常驻工地代表，当工地需要时，做到随叫随到。

为保证工地设计代表的技术服务质量，主要专业的工地代表从主要参与本项目设计的骨干中选取，辅助专业的工地代表直接由本项目的主设人担任。

5.4.1　设计交底

工程施工前，由项目设总组织专业主设人及有关设计人拟定设计交底提纲，向总承包项目部、施工单位进行设计技术交底，提出质量要求、注意事项及有关建议，听取总承包项目部、施工单位对设计图纸的意见，在设计交底中对总承包项目部、施工单位提出的问题，及时给予书面答复，对需要变更的图纸及时给予修改变更。

5.4.2　设计变更控制

（1）总承包项目部、施工分包商、监理及设计代表发现属于设计方面的图面错误、缺陷、失误、漏项、不合理设计的。设计代表应立即书面通知项目设总，经与总承包专业主管人员沟通意见后，由原设计人员负责尽快完成设计修改和更正工作。

（2）当施工过程中出现地质条件变化、地下结构物障碍、总承包项目部要求增加或减少项目功能导致的设计变更时，经设计代表现场核查、收集必要资料后，交设总通知相关专业主设人，在规定的时限内完成变更设计工作。

（3）图面错误造成的修改，不涉及结构变化的，现场设计代表在与相关设计专业负责人确认后，可直接修改图纸并办理设计变更通知书。

5.4.3　设总、专业主设人定期到工地现场巡察

设总、专业主设人要在施工阶段定期对施工现场进行巡察，根据工程施工进度，制订相

应的工地巡察计划，有针对性地开展现场巡察工作。要求每月至少到项目中主要结构工程和复杂设计工程施工现场巡察一次。

5.4.4　配合总承包项目部处理工程施工质量问题

施工中出现工程质量问题，为减少经济损失，当现场业主、监理、施工与设计代表协商一致意见，需要设计单位进行技术处理和设计修改时，相关项目设计专业负责人应积极配合工程施工，及时进行完善技术措施和修改设计工作。

5.4.5　参加隐蔽工程及工程竣工验收

（1）设计代表参与地基验槽等隐蔽工程的验收工作，严格掌握质量标准和设计要求，对施工存在的问题，提出补救措施。

（2）工程竣工验收将由主管总工程师组织设计代表及主要设计人员参加验收工作。

（3）按项目管理的要求编制与设计项目的有关竣工验收报告。

第6章 总承包项目采购管理

6.1 采 购 计 划

6.1.1 设备材料采购方式

工程总承包的采购管理对于工程总承包项目的成本、效益及质量安全环境影响十分明显。设备材料的采购方式应根据标的物的性质、特点及供货商的供货能力等方面条件来选择。采购方式选择得当，不但可以加快采购速度，而且还可节省投资，减少不必要的人力、物力，下面介绍几种主要采购方式。

（1）国际竞争性招标。国际竞争性招标一般适用于购买大宗材料设备，且标的金额较大，市场竞争激烈的情况。它的重要特点在于招标信息必须通过国际公开广告的途径予以发布，使所有合格的投标者享有同等的机会了解投标要求和参与投标竞争。世界银行借款的项目绝大部分采用了这种招标方式。它不仅可以通过公开、公平和公正的方式来避免贪污贿赂行为，而且可以使采购者获得价格优惠并符合要求的材料设备，因此成为国际上最为提倡的工程设备材料采购方式。

但国际竞争性招标程序费时过多，从准备招标文件、报价、评标到授予合同需花费很长时间，需要的文件也很烦琐，费时费力。因此在有些情况下，国际竞争性招标并不是最经济、最有效的采购方式。

（2）有限国际招标。有限国际招标实质上是一种不公开刊登广告，而直接邀请投标人投标的国际竞争性招标。根据世界银行《国际复兴开发银行贷款和国际开发协会信贷采购指南》的规定，有限国际招标作为一种合适的采购方式，适用于以下几种情况：①合同金额小；②供货人数量有限；③有其他作为例外的理由可证明不完全按照国际竞争性招标的程序进行采购是正当的。采用有限国际招标时，发包人应从一份列有足够广泛的潜在供货人的名单中寻求投标，以保证价格具有竞争性。当供货人为数不多时，该名单应该把所有供货人都包括进去。

（3）国内竞争性招标。国内竞争性招标是根据国内有关法律法规的规定，在国内指定媒体上刊登广告，并按照国内招标程序进行的采购。是国内公共采购中通常采用的竞争性招标方式，而且可能是采购那些因其性质或范围不大可能吸引外国厂商和承包商参与竞争的材料设备的最有效和最经济的方式。

（4）询价采购（国际和国内）。询价采购是对几个供货人（通常至少三家）提供的报价进行比较，以确保价格具有竞争性的一种采购方式。这种方式适合用于采购小金额的货架交货的现货或标准规格的商品。

（5）直接采购。

6.1.2 设备材料采购计划

设备材料采购计划是反映物资的需要与供应的平衡关系，从而安排采购的计划。它的编制依据是需求计划、储备计划和货源资料等，它的作用是组织指导物资采购工作。

1. 采购信息

在制定材料设备采购计划时必须掌握的信息包括：

（1）所需材料设备名称和数量清单。首先要清楚所需的材料设备是由国内采购还是国外采购。如果是国外采购材料设备，还需要弄清楚合同中规定是口岸交货还是现场交货。如果是口岸交货，还要了解口岸到现场的距离及其间道路交通情况，以便估计从口岸运到现场的时间，以及对口岸和现场之间的道路、桥梁是否需采取特殊措施。如果需要一些加固道路的设施或特殊运输设备，均将在工期和成本上有所反映。

其次，要弄清所需的材料设备等是现货供应还是需要特别加工试制。因为后者的到货时间与现货供应是不同的。再者，要确定是成批购置还是零购。因为，成批购买价格要比零购低，但还要核算一下储存货物所需设施的开支是否合算。

（2）确定得到材料设备需要的时间。对所需的材料设备应保证供应，以免影响需要，其中关系到是否要有一定的储备。如果是非标准材料设备，除需知道到场时间外，还需考虑设备到场后的验收、调试等时间。

如果是国外采购，还需考虑海运或空运的时间以及从海关运到现场的时间。海运的时间较长，而且到岸时间不一定很准确，要留有余地，而且不能忽略货物到岸再运到现场这段时间。得到材料设备的时间可从进度计划中取得。

（3）材料设备必需的设计、制造和验收等时间。对试制产品，要了解设计时间、制造时间、检验时间、装运时间、到岸时间及安装时间，以便使土建设备安装、试生产等各阶段工作相互配合。

（4）材料设备进货来源。进货来源的不同影响到质量、价格、储存量、能否及时供应和运输等问题，因此要合理选择。

材料设备采购计划的编制，是在确定计划需求量的基础上，经过综合平衡后，提出申请量和采购盘，因此，供应计划的编制过程也是平衡过程，包括数据、时间的平衡。根据收集的信息与本单位的采购经验相结合，就可制订出一个包括选货、订货、运货、验收检验等过程的程序日程安排。

2. 采购计划的制定与目的

材料设备计划一般由施工采购部门负责制定，项目经理要检查所订的计划是否能保证工程施工总目标的实现。特别是工期目标能否实现。施工中常常会因材料设备等资源供应周期不准而拖延项目完成的工期；相反，如果过早储存，则需一定的仓储设备，也会增加项目成本。

6.1.3 采购与设计、施工的管理

设计、采购和施工三者之间，既各自独立又互为联系。设计、采购和施工有各自独立运行，工程总承包项目的"三合一"统筹，是处理三者之间经济技术指标的主要原则。

1. 设计与采购

采购阶段是项目成本控制的实现阶段。为有效控制成本，项目部采购组应主动与设计组紧密结合，找出工程的特点、难点及关注点，准确定义采购对象的技术要求和范围，合理确定评标的标准及办法，形成经济合理的合同价，避免信息沟通的失误而引起的采购错误，实现项目成本的有效控制。在施工图或详细设计阶段，许多设备基础、电气、仪表控制和工艺设计需要采购完后的设备厂家技术资料。

（1）采购组向设计组要技术询价书资料，请设计组专家讨论投标单位提供的商品技术参数是否符合设计要求。

（2）设备厂家选定后，技术协议要请设计组确认等。

（3）采购组向设计组提供选定厂家的技术资料，具体设计中，采购人员须随时跟踪设计中提出的资料是否完整等事宜，并进行及时处理，以保证设计工作的顺利开展。

2. 采购与施工

工程总承包的采购与施工之间的关系，主要包括实施阶段的监造、催货、现场验收、设备验收与施工中的投资控制。实施阶段的投资控制，是全过程投资管理的重要组成部分。在这个阶段中，需要严把合同关，重点关注工程量的变更控制。对实施过程中合同相关方提出的调整方案，要求提出改动的一方必须详细说明改动原因，并执行严格的会签同意制度，然后根据同意的方案进行改动，对实施的增减工程量进行严格计量，并及时将工程量转化为费用额。施工进度与采购设备及主材的监造、催货、现场验收密不可分。如果采购的设备及主材不能及时到货、现场验收不能符合设计及合同规定的技术要求等，就不能满足施工进度要求。因此，采购工作要随时处理好与现场施工的进度关系，在安装调试阶段还要及时组织设备供应商参与调试、验收等工作。

（1）正确处理设计、采购、施工相互关系的重要性。设计、采购和施工的 EPC 工程总承包项目，三者之间关系最为紧密的是进度、安全、质量和环境保护等相互之间的沟通和协调。

（2）确保工程实施进度。工程进度的编制及实施，要抓住按业主的合同要求这一主线进行展开。先编制施工进度，倒排设计和采购进度计划，根据施工进度确定主要设备及材料的到货时间，然后根据主要设备及材料的到货时间及厂家供货市场情况，确定设计提供技术询价书的时间。同样，施工进度又与能否及时拿到设计出图有关。处理好三者的互为关系是把握进度的重要环节之一。

6.2　项目采购管理

工程总承包项目采购质量控制主要包括对采购产品及其供方的控制，制订采购要求和验证采购产品。

建设项目中的工程分包，也应符合规定的采购要求。

1. 物资采购

采购物资应符合设计文件、标准、规范、相关法规及承包合同要求，如果项目部另有附加的质量要求，也应予以满足。

对于重要物资、大批量物资、新型材料以及对工程最终质量有重要影响的物资，可由企业主管部门对可供选用的供方进行逐个评价，并确定合格供方名单。

2. 分包服务

对各种分包服务选用的控制应根据其规模、对它控制的复杂程度区别对待。一般通过分包合同，对分包服务进行动态控制。评价及选择分包方应考虑的原则：

（1）有合法的资质，外地单位经本地主管部门核准。

（2）与本组织或其他组织合作的业绩、信誉。

（3）分包方质量管理体系对按要求如期提供稳定质量的产品的保证能力。

（4）对采购物资的样品、说明书或检验、试验结果进行评定。

3. 采购要求

采购要求是采购产品控制的重要内容。采购要求的形式可以是合同、订单、技术协议、询价单及采购计划等。采购要求包括：

（1）有关产品的质量要求或外包服务要求。

（2）有关产品提供的程序性要求如：

1）供方提交产品的程序。

2）供方生产或服务提供的过程要求。

3）供方设备方面的要求。

（3）对供方人员资格的要求。

（4）对供方质量管理体系的要求。

4. 采购产品验证

（1）对采购产品的验证有多种方式，如在供方现场检验、进货检验，查验供方提供的合格证据等。组织应根据不同产品或服务的验证要求规定验证的主管部门及验证方式，并严格执行。

（2）当组织或其顾客拟在供方现场实施验证时，组织应在采购要求中事先作出规定。

6.3　供应商的管理与控制

6.3.1　与供应商建立互利的战略伙伴关系

选择和确定可以长期合作的供应商，应该与供应商建立直接的战略伙伴关系。双方本着互利合作共赢的原则，建立一种双赢的合作关系，使采购方在长期的合作中获得货源上的保证和成本上的优势，也使供应商拥有长期稳定的大客户，以保证其产出规模的稳定性。这种战略伙伴关系的确立，能给采购管理带来长期而有效的成本控制利益。

在采购技术和业务可以实现多项目的集成采购的情况下，可将多项目的框架协议分类五种模式：战略性物资、完全竞争性产品、资源有限的产品、非标设备、与公司已有长期联营协议的供应商。

6.3.2　供应商行为的绩效管理

对供应商以往合作过程中的行为进行绩效管理、动态考核，以评价供应商的优劣。在项目的执行过程中，要建立不良记录、动态考核。比如建立供应商绩效管理的信息系统，对供应商进行评级；建立量化的供应商行为绩效指标等。并利用绩效管理的结果衡量与供应商的后续合作，增大或减少供应份额、延长或缩短合作时间等，对供应商以激励和奖惩。这样能促使供应商持续改善供货行为，保证优质及时的供货，逐渐形成公司采购的供应商名录，从而有效提高工作效率，降低项目采购总成本。

6.3.3　合理选择供应商

供应商的选择是项目采购管理的重要部分，也是其核心问题。项目采购时应该本着"公平竞争"的原则，给所有符合条件的供应商提供均等的机会，除按公司的原则外，还应注重厂商的供货能力、业绩，对于关键设备材料不承诺最低价中标、适时地制订报价脱标规则，一方面体现市场经济的规则，另一方面也能对采购成本有所控制，提高项目实施的质量。在供应商的选择方面，有如下两个问题值得关注。

选择供应商的数量。供应商数量的选择问题，实际上也就是供应商份额的分担问题。从采购方来说，只向一家询价厂家发询价会增加项目资源供应的风险，也不利于对供应商进行压价，缺乏采购成本控制的力度。而从供应商来说，批量供货由于数量上的优势，可以给采购方以商业折扣，减少货款的支付和采购附加费用，有利于减少现金流出，降低采购成本。因而，在进行供应商数量的选择时既要避免单一货源，寻求多家供应，同时又要保证所选供应商承担的工作量，以获取供应商的优惠政策，降低物资的价格和采购成本。这样既能保证采购物资供应的质量，又能有力地控制采购支出。在现在的项目执行中，一般来说，选 3～4 家供应商为宜。

选择供应商的方式。选择供应商的方式主要包括公开竞争性招标采购、有限竞争性招标采购、询价采购和直接签订合同采购，四种不同的采购方式按其特点分为招标采购和非招标采购两类。

在项目采购中采取公开招标的方式可以利用供应商之间的竞争来压低物资价格，帮助采购方以最低价格取得符合要求的工程或货物；并且多种招标方式的合理组合使用，也将有助于提高采购效率和质量，从而有利于控制采购成本。

第7章 总承包项目进度控制

7.1 工程项目进度计划

7.1.1 工程项目进度控制的概念

工程总承包的进度管理比较复杂，其中以施工进度管理为基本代表。项目在实施过程中，由于主观和客观条件不断地变化而产生不平衡，因此必须随着情况的变化对项目进度目标及进度计划进行动态控制。

同所有的目标控制一样，进度控制的过程是：资源投入—工程进展—收集实际进度的数据—将进度的实际值与计划值进行比较找出偏差—采取措施纠正进度偏差—使工程正常进展。它是一个个不断循环的动态管理过程。

因此，进度控制的目的就是实现进度目标。由于工程项目利益各方的项目管理都有进度控制的任务，故其控制的目标和时间范围是不相同的。任何利益方的进度控制都包括以下过程：

（1）进度目标分析与论证。该过程的目的是论证进度目标是否合理，是否可能实现。如果经过论证后目标不能实现，则必须对目标进行调整。

（2）进度计划跟踪检查与调整。对进度计划的执行，要进行定期检查。检查周期的长短根据需要用制度确定。作业性计划的检查周期要短；中期、长期计划的检查周期相应较长。当检查发现实际进度偏离目标后，即应采取纠偏措施，使实际进度始终以完成进度目标为准绳。

（3）调整进度计划。调整进度计划有两类情况：一类是调整计划后原目标不变；另一类是原目标难以实现，必须通过计划调整改变原计划目标。

7.1.2 工程项目进度计划实施

进度控制的任务是根据项目实施的需要而产生的。由于项目的利益各方的需要不同，故其进度控制任务亦不相同。业主方、设计方、施工方和供货方各有不同的进度控制任务。

1. 工程总承包方的进度控制任务

工程总承包方的进度控制任务是控制整个项目实施阶段的进度。其中包括设计准备阶段的工作进度、设计工作进度、施工进度、物资采购工作进度、项目动用前准备阶段的工作进度。

（1）设计准备阶段的工作进度。是指收集有关工期的信息，进行工期目标和进度控制决策；编制建设工程项目建设总进度计划；编制设计准备阶段的详细工作计划并控制其执行。

（2）设计工作进度控制的任务。包括：编制设计阶段工作计划并控制其执行；编制详细的出图计划，并控制其执行；审查设计单位提交的进度计划。

（3）施工进度控制的任务。包括：编制施工总进度计划并控制其执行；编制单位工程施工进度计划并控制其执行；编制年、季、月实施计划并控制其执行；审查施工单位提交的进度计划。

（4）物资采购工作进度控制的任务。包括：编制物资采购目录；编制材料需用量和采购进度计划并控制其执行；编制设备需用量计划和采购进度计划并控制其执行。

（5）动用前准备阶段的工作进度控制任务。包括：对竣工验收、项目移交、联动试车、组织准备、作业人员准备、工具准备、物资准备、流动资金准备等需要编制进度计划并控制其实现。

2. 设计方进度控制的任务

总承包方根据其设计工作进度控制任务与设计方签订设计任务委托合同，确定设计方的进度控制任务。设计方要编制设计工作进度计划并控制其实施，保证设计任务委托合同的完成。在设计工作进度控制过程中要尽可能使设计工作的进度与招标工作、施工和物资采购工作的进度保持协调。设计工作的进度控制重点是保证实现出圈日期的计划目标。

3. 施工方进度控制的任务

施工方进度控制的任务是根据施工任务委托合同对施工进度的要求控制施工进度，这便是施工方履行合同的义务。为了完成施工进度控制任务，施工方要编制施工总进度计划并控制其执行；编制单位工程施工进度计划并控制其执行；编制年、季、月实施计划并控制其执行。

4. 供货方进度控制的任务

供货方进度控制的任务是依据供货合同对供货的要求控制供货进度，这也是供货方履行合同的义务。供货方进度控制依据的供货进度计划应包括招标、采购、订货、制造、验收、运输、入库等环节的进度和完成日期。

7.1.3　建设工程项目进度计划系统

进度控制的依据是进度计划。建设工程项目进度计划系统包括相互关联的若干进度计划子系统，包括：不同深度的进度计划子系统、不同功能的进度计划子系统、不同参与方的进度计划子系统、不同周期的进度计划子系统等。

1. 不同对象的进度计划系统

（1）总进度计划。一般指建设项目进度计划。

（2）单项工程进度计划。计划对象是一个单项工程。

（3）单位工程进度计划。计划对象是一个单位工程。

（4）分部分项工程进度计划。计划对象是分部分项工程。

以上计划系统中，前一计划对后一计划起控制作用，后一计划对前一计划有实施作用，共同组成树状结构。

2. 不同功能的进度计划系统

（1）控制性进度计划。

（2）指导性进度计划。

（3）作业性进度计划。

3. 不同深度的进度计划系统

（1）总进度计划。

（2）子系统进度计划。

（3）子子系统进度计划。

4. 不同参与方的进度计划系统

（1）业主方的进度计划。

（2）设计方的进度计划。

（3）施工和设备安装方的进度计划。

（4）采购和供货方的进度计划。

5. 不同周期的进度计划系统

（1）年度进度计划。

（2）季度进度计划。

（3）月度进度计划。

（4）旬（周）进度计划。

6. 施工方的进度计划系统

施工方的进度计划系统在各利益方的进度计划中是比较全面和复杂的，包括：

（1）施工总进度计划、单位工程施工进度计划和分部分项工程施工进度计划。前者在施工项目管理规划大纲中编制；后两者在施工项目管理实施规划中编制。

（2）年度施工进度计划、季度施工进度计划、月度施工进度计划和旬（周）施工进度计划。它们都是根据施工总进度计划、单位工程施工进度计划划分时间段编制的。在编制时既应当进行细化，又可以进行调整。

（3）工程施工准备工作计划、工程施工计划、生产要素（劳动力、材料、构件、机械设备、周转材料和工具等）供应进度计划；资金收支计划。工程施工进度计划是生产要素供应进度计划的编制基础。

（4）土建工程施工进度计划，水暖电卫工程施工进度计划，设备安装工程施工进度计划。

7. 各种进度计划的联系和协调

如上所述，建设工程进度计划是成系统的，相互联系和制约，因此在编制时既要注意其相关性，又要使相互之间保持协调，主要是：总体和部分之间的协调；控制性计划和实施性计划之间的协调；长期计划和短期计划之间的协调；各阶段计划之间的协调；工程计划和供应计划的协调；各利益方之间计划的协调等。

所谓协调，是指相互之间能做到目标的一致性、步伐的同步性、调整的相关性、利益的共享性、责任的共担性。有了矛盾及时协商解决，有了偏差及时采取措施纠正。

7.2 工程项目进度控制措施

7.2.1 工程项目进度管理控制

（1）在理顺组织的前提下，采取严谨的管理措施，包括管理思想、管理方法、管理手段、承发包模式、合同管理和风险管理。

（2）克服以下进度控制的管理观念问题，包括：缺乏进度计划系统的观点，使编制的计划不能相互联系；缺乏动态控制的观念，只重视编制，不重视及时的动态调整；缺乏进度计划多方案比较和优选的观念等。

（3）科学地编制工程网络进度计划。必须严谨地分析工作之间的逻辑关系，发现关键工作和关键线路，知识非关键工作可使用的时差，实现进度控制的科学化。

（4）选择合理的承发包模式以便利于工程实施的组织协调。选择合理的合同结构，避免过多的合同交界面而影响工程的进展。通过比较分析选择工程物资的采购模式。

（5）注意分析影响进度目标实现的风险，在分析的基础上采取风险管理措施以减少进度失控的风险量。影响工程进度的风险有组织风险、管理风险、合同风险、资源风险和技术风险等。

（6）重视信息技术在进度控制中的应用。信息技术的应用有利于提高进度信息处理的效率，有利于提高进度信息的透明度，有利于促进进度信息的交流和项目参与各参与方的协同工作。

7.2.2　工程项目进度控制的经济措施

进度控制的经济措施涉及资金需求计划、资金供应的条件和经济激励措施等。

（1）编制与进度计划相适应的资源需求计划，即资源进度计划，包括资金需求计划和其他资源（人力和物力资源）需求计划，以反映工程实施的各时段所需的资源。通过资源需求分析，发现进度计划实现的可能性，为是否调整进度计划提供信息。

（2）落实资源供应条件，包括：可能的资金供应总量、资金来源和资金供应时间。

（3）在工程预算中考虑加快工程进度所需的资金，其中包括经济激励措施费。

7.2.3　工程项目进度控制的技术措施

工程项目进度控制的技术措施涉及对进度目标有利的设计技术和施工技术的选用。

（1）设计技术。在设计工作的前期，特别是在设计方案评审和选用时，应对设计技术与工程进度的关系作分析比较；在工程进度受阻时，应分析是否有设计技术的影响，分析是否需要进行设计变更。

（2）施工技术。在施工方案决策选用时，应分析技术的先进性和经济合理性，考虑其对进度的影响；在工程进度受阻时，分析是否存在施工技术的影响因素，分析有无改变施工方案内容的可能性。

7.3　工程项目总进度目标的论证

1. 工程项目总进度目标论证的工作内容

（1）工程项目总进度目标的概念其论证的重要性。工程项目的总进度目标指整个项目的进度目标，它是在决策阶段定义的。总进度目标控制是业主方在项目实施阶段项目管理的主要任务。如果采用总承包模式，协助业主方进行总进度目标控制也是总承包方项目管理的任务。

在进行工程项目总进度目标控制前，首先应分析和论证目标实现的可能性。如果项目总进度目标不可能实现，项目管理者应提出调整项目总进度目标的建议，提请项目决策者审议。

（2）项目实施阶段总进度目标的内容。

1）设计前准备阶段的工作进度。

2）设计工作进度。

3）招标工作进度。

4）施工前准备工作进度。

5）工程施工和设备安装进度。

6）工程物资采购工作进度。

7）项目动用前的准备工作进度。

（3）总进度目标论证要点。

1）分析和论证上述各项工作的进度及其相互关系。

2）总进度目标论证涉及总进度规划的编制工作、工程实施条件的分析、工程实施策划等。

3）大型工程项目总进度目标论证。其核心工作是通过编制总进度纲要论证总进度目标实现的可能性。总进度纲要的主要内容包括：项目实施的总体部署，总进度规划，各子系统进度规划，确定里程碑事件的计划进度目标，总进度目标实现的条件和应采取的措施等。

2.建设项目总进度目标论证的工作步骤

（1）调查研究和收集资料。

1）了解和收集项目决策阶段有关项目进度目标确定的情况和资料。

2）收集与进度有关的该项目组织、管理、经济和技术资料。

3）收集类似项目的进度资料。

4）了解和调查该项目的总体部署。

5）了解和调查该项目实施的主客观条件。

（2）项目结构分析。大型工程项目的结构分析是根据编制总进度纲要的需要，将整个项目进度进行逐层分解，并确立相应的工作目录，如一级工作任务目录：即将整个项目划分成若干子系统；二级工作任务目录，即将一个子系统分解为若干个子项目；三级工作任务目录，即将每一个子项目分解为若干个工作项。整个项目划分为多少结构层，可根据项目的规模和特点确定。

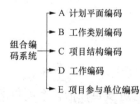

图7-1 工作项编码示例

（3）项目的工作编码。工作项编码示例指每一个工作项编码，如图7-1所示。编码时应考虑下述因素：

1）对不同计划层的标识。

2）对不同计划对象的标识（如不同子项目）。

3）对不同工作的标识（如设计工作、招标工作和施工工作）。

7.4 总承包项目进度工作界面的控制（集成化管理）

（1）总承包项目工作界面众多，接口复杂。工作界面的接口管理质量是保证总承包项目进度的基本条件。重点是处理工作界面之间的协调关系，保证交叉合理的集成要求。进度工作界面是总承包项目十分重要的管理环节。项目经理应策划和确定总承包项目各阶段进度与总体进度要求工作界面的管理，协调相互关系，保证合理交叉的集成要求。

（2）设计与采购进度的工作界面需要关注设计活动的技术因素与采购活动的联系。设计与采购进度的工作界面应重点控制：

1）设计向采购提交的请购文件和设计对制造厂图纸的审查、确认、反馈。

2）设计对报价的技术评审和采购向设计提交的关键设备资料。

（3）设计与施工进度的工作界面需要关注设计图纸与施工需求的衔接程度。设计与施工进度的工作界面应重点控制：

1）施工图纸的可施工性分析。

2）设计文件的交付和设计变更对施工进度的影响。

3）设计交底和施工的协调活动。

（4）设计与试运行进度的工作界面需要关注设计结果满足试运行需求的情况。设计与试运行进度的工作界面应重点控制：

1）试运行向设计提出试运行要求的充分性。

2）设计提交的试运行操作原则、要求和有关设计问题的处理。

（5）采购与施工进度的工作界面应关注采购产品满足施工要求的情况。采购与施工进度的工作界面应重点控制：

1）重要设备材料运抵现场的时间和现场的开箱检查活动。

2）采购的设备材料结果和采购变更对进度的影响。

（6）采购与试运行进度的工作界面需要关注采购产品满足试运行要求的结果。采购与试运行进度的工作界面应重点控制：试运行过程中的采购产品处理对试运行进度的影响。

（7）施工与试运行进度的工作界面需要关注施工质量对于试运行结果的影响。施工与试运行进度的工作界面应重点控制试运行中的各类施工问题对项目进度的影响。

（8）项目部应将分包进度纳入项目进度控制范围，定期对分包进度的计划和实施情况进行监督，分析分包项目的进度偏差，控制相关的工作界面，发现问题及时采取纠正措施。分包进度往往会影响总承包项目的进度目标。项目应特别关注总承包项目与分包项目之间工作界面的管理，以保证分包进度与总包进度的一致性。为了有效落实分包进度管理，项目部应在项目各阶段组织对分包项目进度管理进行评价。分包项目进度管理评价应包括下列内容：

1）分包合同工期及计划工期目标完成情况。

2）分包项目进度管理中存在问题的原因和风险评价。

3）分包项目进度管理的改进措施。

7.5　进度变更控制

（1）总承包项目进度的延误和干扰控制是一项基础性的工作。产生延误和干扰的因素可能包括：采购，资金，设计变更，施工方法，不可抗力，劳工，市场，政变，恐怖问题等。因此应该建立风险预防机制，并建立包括与劳工在内的项目相关人员的协商机制，防止非正常原因对进度的延误和干扰。其中非正常原因可包括：不同文化和宗教的碰撞，人为的工作失误，计划内容的缺失和项目组织工作的不协调等。

由于进度延误和干扰导致进度变更情况的控制如下：

1）在项目进度需要实施赶工时，应充分评估相关风险对质量、安全、成本、环境、社会责任等的影响，并确保根据变更授权实施，否则不能随意进行进度变更。修订相应的进度计划应在规定的责任条件下实施。

2）当需要暂停项目活动时，项目部应该关注工作暂停对整体进度计划的影响，修订项目总进度计划和相关进度计划的环节。各个进度计划之间的工作界面应该严格控制。

（2）项目阶段性进度计划工期的变更由各项目专业经理提出申请，项目控制经理负责审核批准。项目总进度计划工期的变更应由项目控制经理根据工程活动调整的时间和调整原因，向项目经理报告处理意见，项目经理综合考虑后作出相关决定。项目进度计划的变更需求应进行评估。如果必须进行调整，应由各参与方根据项目需求更改进度目标，调整相关的专业项目管理计划，以确保总承包项目目标系统的完整和有效。项目计划工期的变更可按下列程序进行：

（3）项目进度确定变更后，项目控制经理应组织对进度计划的策划、修订和编制，必要时根据项目情况更改进度目标，调整相关的项目管理计划等内容，并跟踪变更后的进度实施情况。

第8章 总承包项目分包管理

8.1 项目分包的概念

在目前国内体制下，总承包项目的施工分包是项目管理的重点。

（1）分包，通常指施工分包，是相对总承包而言的。所谓施工分包，是指施工总承包企业将所承包建设工程中的专业工程或劳务作业发包给其他建筑业企业完成的活动。分包分为专业工程分包和劳务作业分包。

（2）专业工程分包是指施工总承包企业将其承包工程中的专业工程发包给专业承包企业完成的活动。

（3）劳务作业分包是指施工总承包企业或专业承包企业将其承包或者分包工程中的劳务作业发包给劳务作业分包企业完成的活动。

8.2 项目分包计划

（1）各专业分包商、其他承包商，必须建立与总承包商计划系统相适应的计划系统，设立明确的计划管理机构，设置专职计划员，计划员需具备一定现场生产施工经验和安排细化工序的经验，了解图纸、施工组织设计、方案等技术文件，能对施工进度计划动向提前做出预测。

（2）专业分包、其他承包商必须建立完善的例会制度，例会应以检查和确认为主；例会的结果要形成会议纪要或填写周报。这些文件应该保存，并可能作为下次会议的前提和依据。

1）各专业分包、其他承包商每周召开至少一次本单位的生产调度例会。

2）当本专业施工进度影响到总进度计划时应即刻召开有关本专业进度问题的专题会议。

（3）专业分包、其他承包商需建立畅通良好的计划沟通渠道。

1）专业分包、其他承包商生产负责人工作时间必须在岗，如临时外出须通知其他相关成员，并做出相应安排；应随时保持通畅的联系。

2）专业分包、其他承包商要具备相互通告计划管理体系，建建立中心工程计划管理体系成员的联系总表。

3）专业分包、其他承包商相互之间，需建立纵向、横向联系。各级生产负责人、计划员之间，应及时进行指导、反馈、预警、建议等工作交流。

4）专业分包、其他承包商。

（4）阶段性工期计划或分部工程计划。

1）阶段性工期计划的制订是为了保证总计划的有效落实，故而有针对性地对某一专业承包商的生产任务做出安排。

2）阶段性工期计划的制订，原则上必须符合总控制进度计划的工期要求，如出现不一致情况，需经业主、监理认可，或修改后再报。

3）各专业承包商在正式施工前必须上报该承包商的生产计划，并上报业主、监理审核。

4）业主、监理在必要时将下发阶段性工期计划，相关承包商务必严格遵照执行。

5）阶段性工期计划的贯彻力度，主要取决于专业承包商自身的管理水平，各专业承包商应对阶段性工期计划的执行情况引起足够重视，加强落实、检查的管理力度，出现异常进度动向时，应以检查和确认为主，在确认了当前状态后，再讨论该如何调整工作或计划，必须拿出有效的解决措施，并一定要落实到具体的行动方案上，务必保证阶段工期或分部工程的进度目标圆满实现，为总进度目标在全局的实现奠定基础。

6）业主、监理、总承包商应及时或随时检查、监督各专业承包商对阶段性工期计划的落实情况，做到心中有数，并对各专业承包商的工作给以及时的指导。

8.3 项目分包控制

8.3.1 工程分包项目控制

项目控制就是监控和检测项目的实际进展，若发现实施偏离了计划，就应当找出原因，采取行动使项目重新回到预计的轨道。控制工作的主要内容包括确立标准、衡量绩效和纠正偏差。项目计划是项目执行的基准，在项目的整个实施阶段，不论项目的环境如何变化，项目将进行怎样的调整，项目计划始终是控制项目的依据，这需要对项目计划和项目资源进行仔细的分析和管理。项目的计划、费用预算及实施程序和相关的准则为控制项目提供了一个基本的框架。由于我国体制的原因，总承包项目的分包是十分重要的管理过程。

在项目执行过程中，项目管理人员通过各种信息判断、监督项目的实施过程，必要时根据项目环境和执行情况对计划作适当的调整，始终保持项目方向正确、执行有序。

1. 分包项目控制的基本原则

在分包项目的控制过程中，总承包项目管理人员应当注意以下几条原则：

（1）项目合同和计划始终是项目控制的依据。无论是项目的总承包合同还是各项分包合同，都是相关方为了执行项目而签订的正式文件，它具有法律的效力，合同条款也是项目合作双方经过反复协商之后确定的，对项目进度、成本和质量要求都有明确而详细的规定；而项目计划又具体明确了各项工作的细节、实施步骤和资源配置，并对项目未来的发展变化进行了科学的预测，因此，项目的合同和计划是项目执行的基准，也是项目控制的基本依据。

（2）对项目的执行进行即时的跟踪和报告。项目不断在向前进展，而且时时刻刻都可能发生变化，因此，在项目执行的全过程中，即时监控项目计划的执行情况，对影响项目目标实现的内外部因素变化情况和发展趋势进行分析和预测，并且对项目的进展状态以及影响项目进展的内外部因素进行及时的、连续的、系统的记录和报告。这些记录和报告是项目控制和调整计划的现实依据，在需要时可以提交各相关部门、项目班子进行研究、讨论，从而寻求适当的解决方案。

（3）保持动态的项目控制过程。项目控制是一个动态的过程，也是一个循环进行的过程。从项目开始，计划就进入了执行的轨迹。进度按计划进行时，实际符合计划，计划的实现就有了保证；实际进度与进度计划不一致时，就出现了偏差，若不采取措施加以处理，工期目标就不能实现。因此，当偏差发生时，就应分析偏差产生的原因，采取措施，调整计划，使实际与计划在新的起点上重合，并尽量使项目按调整后的计划继续进行。但在新的因素干扰下，又有可能产生新的偏差，又需要按上述方法进行控制。

（4）项目控制需要有一定的弹性。影响项目实施的因素很多，这就要求在确定项目目标时应进行目标的风险分析，使计划具有一定的弹性，在进行项目控制时，可以利用这些弹性，缩短工作的连续时间，或者改变工序之间的搭接关系，以使项目最终实现预期的目标。

（5）项目目标需要在项目控制中权衡。项目的管理是一个系统的过程，在实现项目目标之时，满足项目的所有约束条件才能真正体现现代项目管理的内涵。但实际工作中，在项目的成本、质量、安全、进度的约束目标体系中完成项目却并非易事。通常，项目某一方面的变化或对变化采取控制措施都会给其他方面带来一定的变化和冲突。当需要加快项目进度时，就可能增加人力和其他资源，这意味着为保证进度目标的实现可能增加成本；如果需要缩减项目的成本费用，就有可能降低项目的技术性能（即质量）或减少检测程序，这就可能牺牲工程的质量。项目的基本目标之间往往存在着冲突，且鱼与熊掌不可兼得，此时必须进行权衡分析。对项目控制的因素进行权衡分析，就是用系统的方法对项目的四大控件（进度控制、成本控制、安全控制和质量控制）进行分析，建立和完善权衡分析的程序文件是一项有效的工作。

2. 分包项目的控制过程

项目规模增大和新技术、新材料和新设备的不断采用使得项目在实施过程中的专业化要求越来越高，一个项目分解成若干阶段性过程来实施也就等于把一个项目整体目标分解成多个子目标，在不同阶段性过程之间自然产生了多个界面，对于工程项目而言，目标实现的效率依赖于过程的控制和交界面的控制，即在工程项目的控制表现为过程和界面两个方面，就控制的具体目标而言，主要集中在质量、进度、成本和安全四方面。

一般而言，分包项目控制就是在项目实施过程中不断检查和监督进度计划和施工方案的执行情况，通过持续不断的报告、审查、计算和比较，采用有效的措施将实际执行结果与控制标准之间的偏差减少到最低限度，保证项目目标的实现。

首先根据工程的功能需求目标制定实施方案和总进度计划作为控制工程项目实施过程的标准；其次把工程实施过程中实际执行的情况与原计划和方案进行比较；然后确认发生的偏差和分析出现偏差的原因；最后及时采取纠偏措施，修正计划或者调整实际的实施过程，以满足工程项目目标的要求。以分为基础工程、主体结构工程、屋面工程、设备安装、装饰工程、墙面工程等。因此，过程控制和界面控制的重要性显得更加突出。项目的实施过程是指能够产生结果的系列活动，具体而言就是通过资源和方法将输入转化为输出的系列活动。整个过程中各项具体目标构成的目标体系就如同串联电路，一个组件的损坏就会破坏整个系统的功能，每个子过程的目标的实现是整体的目标得以实现的必要条件。通过实施过程中每一项活动对应的具体目标的实现，逐步积累和调整最终实现项目整体目标。

分包项目目标的实现除了过程控制，还要对各个阶段性过程之间的界面进行有效控制。界面按照所处位置和分隔作用可以分为过程界面、专业界面、施工界面、组织界面和信息界面等。界面的控制的主要内容是：过程界面的责任要分清楚、交界面的工作要明确和双方责任以外的界面要及时调整。总而言之，过程控制和界面控制不仅是工程项目控制的关键点，而且也是总包商对分包商进行管理的逻辑主线。根据具体的控制标准加强项目实施的过程和界面进行管理，可以有效地减少实施阶段分包商之间的作业面交叉、多工种配合以及技术层面上带来的冲突。

3. 分包项目控制的主要依据

分包项目控制的依据从总体上来说是定义工程项目目标的各种文件，如项目建议书、可行性研究报告、项目任务书、设计文件、合同文件等，此外还应包括如下三个部分：

（1）对工程适用的法律、法规文件。

（2）项目的各种计划文件、合同分析文件等。

（3）在工程中的各种变更文件。

表 8-1 为分包项目目标控制依据分类表。

表 8-1 分包项目目标控制依据分类表

序号	控制内容	控制目的	控制目标	控制依据
1	成本控制	贯彻成本计划，防止成本超支，保证盈利；做好分包合同管理	计划成本及分包合同价格	范围规划和定义文件（项目任务书、设计文件、工程量表等）
2	质量控制	保证按任务书（或设计文件或合同）规定的质量，使工程通过验收，交付使用，实现使用功能	质量标准	各分项工程、分部工程和总工程的成本、人力、材料和资金计划、计划成本曲线等
3	进度控制	按预定进度计划实施工程，按期交付工程，防止工程拖延	合同规定的工期	总进度计划、详细施工进度计划、网络图等
4	安全、健康和环境控制	保证项目的实施工程、运营过程和产品（或服务）符合安全、健康和环保要求	法律、合同和规范	法律、合同文件和规范文件

8.3.2 总包对分包商工程质量的管理

工程建设项目的实施过程本身的质量决定了项目产品的质量，项目过程的质量是由组成项目过程的一系列活动所决定的。项目的质量策划包括了项目运行过程的策划，即识别和规范项目实施过程、活动和环节，规定各个环节的质量管理程序（包括质量管理的重点和流程）、措施（包括质量管理技术措施和组织措施等）和方法（包括质量控制方法和评价方法等）。

因为合同或其他原因，总包商在工程进行前需要制定一个质量目标，并在施工过程中去完成这个目标。总包商与业主签订合同中的质量标准是针对整个工程项目而言。即使其他子项再优，只要某子项未能达标，就全面否定了整个项目的质量目标。在建设部《建设工程施工合同管理办法》中已规定"对分包工程的质量、工期和分包行为造成违反总包合同的，由承包方承担责任"（文件中的"承包商"即"总包商"）。在 FIDIC 条款中规定即使经工程师同意后分包，也不应解除合同中规定的总包人的任何责任和义务，它不能只保证自己完成部分的质量。总包商必须有能力有权力全面管理、监督各分包商的工作，而总包商在分包商资格认定上应当有发表自己意见的权力。

为进行项目质量管理，需要建立相应的组织机构，配备人力、材料、设备和设施，提供必要的信息支持以及创造项目合适的环境。对于 EPC 总承包项目除了按照企业的质量体系中相关的程序文件严格进行各个环节的质量控制外，在质量管理规划中，还需要特别注意以下几个方面。

1. 设计部分

总承包项目以设计为龙头，在设计阶段组织多次的设计评审工作，根据项目的合同、各阶段的设计要求以及与之相关的设计文件、有关的标准和规范，首先评审设计方案的先进性、适用性、可行性和经济性；重点评审设计中新技术、新材料、新设备的采用是否经过充分的论证、是否具有成熟可靠的经验。对评审中提出的问题，组织有关人员研究处理，制定改进措施，并实行跟踪管理，直到符合要求。

2. 使用严格的规范

当工程项目是在国外建造时，合同既可以约定使用项目实施所在国的标准规范，也可以使用中国的标准规范，还可以使用欧美的标准，虽然各个标准规范总的要求和方法基本相同，但在具体细节上仍然存在一些差异，因此，项目规定，在保证费用计划不受到太大冲击的条件下，项目实施的各个阶段、各个环节尽量选用更加严格的标准执行。执行高标准的规范要求将为项目的质量提供更加充分的保证。

3. 成立专业的质量管理队伍

由于总承包项目的大部分实施工作委托给分包商承担，EPC 总包商在项目质量控制中承担的主要任务是管理，总承包商需要在公司内部组织和向外聘请有相关环节工程经验和管理能力的专门人员，成立专业的质量管理队伍，对工程项目的设计工作、设备的制造、材料采购进场及施工安装等各个具体的实施环节进行全过程的质量控制和管理。

具体而言，总包商对分包商的工程质量的管理基本思路是根据工程的具体情况，从影响安全的关键因素入手，包括安全管理人员素质、施工设备、材料质量和施工工法等。对工程项目实施过程的输入要素和过程本身的质量进行了有效控制，才能为实现项目产品的质量目标奠定可靠的基础。

引用中建某局在青岛某医院工程项目中的质量管理方式进行说明。青岛某医院是框架剪力墙结构，地上 9 层地下 1 层，建筑面积 $48000m^2$，筏板式基础。中建某局山东公司是总承包商，南通某建筑公司为主要分包商，其他分包工程有井点降水，防水制作等专业，该项目质量标准为"争鲁班奖，保泰山杯"。由于资金来源不稳定，在基础以下需要垫付工程款，该工程项目风险较大。在该项目中总包商对质量的管理主要通过安全人员的管理、设备采购的管理、工法的统一和过程的控制四个方面来完成。

（1）人员的管理。首先，总包商成立由项目经理牵头的质量管理小组。小组成员的选择以综合素质为标准，在质量管理理论水平和实际工作经验、专业以及年龄等方面形成比较合理的结构。对于分包商的人员配备的最低要求是拥有专业齐全的项目管理人员，技工在施工班组中所占比例要满足合同要求，专业性强的如施工测量人员和特殊工种如电焊工、起重工等要持证上岗。

（2）设备的管理。施工设备无论是从租赁公司租赁还是自行购买的，在性能、型号、功率上一定要符合施工工艺要求。因为不同的性能、型号的设备往往有许多差异，使工程质量有波动性难以控制质量，所以，对于设备的管理要从项目的总体上把握。生产经理详细掌握设备是否处于良好工作状态、是否所有配件齐全完好并进行了设备的验收等情况。为了给分包商提供良好的工作条件支持，在项目实施中保证塔吊和地泵等大型施工设备的工作稳定性，为分包商的工期改进提供物质条件。

（3）工法的选择。施工工法的选择经常是总包和分包双方争议比较大的地方，因为总包商和分包商有不同的利益立场。在这个项目中对于主体结构的梁、板、柱的施工工法上，总包商要求采用传统的施工工序即：绑柱筋—支柱模板—浇筑混凝土—拆柱模板—支梁底模—绑梁筋—支顶板模板—绑楼板筋。这样做的好处是柱模板拆模容易可以加速柱模板的周转，减少模板的购买量从而降低成本。但分包商的技术人员坚持采用在梁板柱模板完工以后在楼板模板上进行柱混凝土的浇筑和梁筋绑扎的作业。这样做的好处是便于施工，混凝土布料机可以直接放在楼板模板上便于浇筑，但不利因素是柱模板拆模不便，不能及时进行周转，给总包商增加了柱模板供应量，而且钢筋工作也不方便，柱核心区箍筋的间距得不到保证。很显然只是分包商仅从自身利益出发，采取有利于自己施工的行为而不惜牺牲项目质量和增加总包商的成本。虽然，分包商最终服从总包商的安排，但他们的抵触情绪导致了进度计划被拖延。因此，总承包商除了严格施工工法的编写和审核批准程序，还要考虑在施工过程中尽量选择有长期合作关系的分包商，以尽量减少在施工方法和解决问题思路中的冲突。工法要按要求陈列下列细节：工法的目的、工法的适用范围、参照文件等。由技术部完成，技术部经理和项目经理审核签字报项目总监后及时发放给分包指导施工作业。文件控制员要及时把已批准的工法进行登记。

（4）过程控制。过程是能够产生结果的一系列活动的积累程序，项目管理理论的核心思想就是过程管理。只要过程能够控制好，按照项目功能要求完成了过程中的每一个环节，就必然能够得到期望的结果。施工过程的控制主要包括材料的控制和施工过程的监控的"三检制"的实施。材料控制主要是各种材料合理堆放和产品标识牌。钢筋要按批次做试验，在尚未出具试验报告前严禁使用。施工过程的监控把握关键点，如：钢筋直螺纹、冷挤压的连接，钢筋间距、混凝土保护层、模板的支护等。因为总包商对分包商的工程质量负有直接责任，所以分包商的单位工程必须接受总包商的监督检查，每个分项工程完成后均按质检程序分级检查。

8.3.3　总包商对分包商进度的管理

项目进度计划是项目团队根据合同约定的周期对项目实施过程进行的各项活动做出的周密安排。项目进度计划的主要内容是系统地确定所有专业工作内容和工序、完成这些工作的时间节点、不同阶段的关键线路、交叉作业的交接始点和终点、可搭接的（并联）的区段等，从而保证在合理的工期内，用尽可能低的成本和尽可能高的质量完成工程。进度计划是业主、总包商、分包商以及其他项目利益相关者进行沟通的最重要的工具，完整的进度计划体现了项目各参与方对项目的时间、资源、费用的安排。承包商的进度计划是其完成合同工作内容具体步骤与过程的阐述，从某种意义来讲也是对项目业主的承诺，同时，业主制订的总体计划也反映了业主对项目实施的时间和资金安排，经各方协商并最终确定下来的项目进度计划，代表了项目相关者对项目成功实施的一种共识，是未来项目实施中协调冲突、解决矛盾的依据。因此，从某种程度上来讲，项目进度计划是项目各方进行交流、协调、控制、监督和考量的依据。

在项目的运行过程中，各协作单位、各分包商、各专业、各工种的各阶段工作都会出现不同深度的交叉或重叠，项目的进度管理将成为 EPC 总承包商项目管理的重点工作之一。项目的时间进度是指实现项目预期目标的各项活动的起止时间和之间的过程，在项目的进度计划中至少应该包括每项工作的开始日期和期望的完成日期，项目的时间进度可以以提要的形式或者详细描述的形式表示，相关的进度可以表示为表格的方式，但更常用的是以各种直观形式的图形方式加以描述。主要的项目进度表示形式有带日历的项目网络图、条形图、里程碑事件图、时间坐标网络图、日期和专业进度的斜道图等。

总包商对分包商的管理及各方配合好坏直接对施工质量产生影响，随着建筑功能复杂化，设备、管线都附着于主体上，有的埋设在柱、梁、墙内，又要在外面做装修，所以出现各工种之间的交叉、配合。如果前一道工序尚未完成就做下道工序或是下一道工序施工时破坏了已经完成的工作，都可能出现质量隐患。

在总包商提供的初始总进度计划基础上，各分包商应制定本专业的进度计划并且上报总包商，总包商根据各分包商的进度计划，调整修订总进度计划，然后分包商再根据总包修改后的进度计划再次调整自己的进度计划，通过相互修改调整过程之后可以形成一个总包商和分包商都能够接受的总进度计划和分包商进度计划，只有各分包商都严格执行了总包商最终制订的工程总进度计划，工程才可能实现合同约定的工期目标。

1. 进度计划

施工进度（工期）是总承包商管理的一项核心指标，总包商必须保证在合同工期内完成工程的建造。不但分包商逾期总包商要承担责任，而且施工过程中各参与方的配合和协作的程度都直接关系到工程进度，总包商要承担因各分包商配合不好而造成的工期延误责任。如果总包商在工期计划上独断专行，采用倒排工期的方法给分包商指定工期，不考虑分包商的资源配置方面的压力，由此形成的进度计划可能理论上是经济的但是不一定是科学的和可行的。缺乏合作意识的总包商经常容易忽略分包商在工期计划中的作用，事实上分包商是最直接的施工作业者，他们对工期的预定和计划往往是最现实合理的。总包商在总进度计划的编排上要充分考虑分包商的意见，使得总进度计划最大限度趋于科学合理。

总承包商对分包商的进度控制一般分为总进度计划、月进度计划和周进度计划三个层次。总进度计划是总包商在综合了各分包商意见之后经过合理协调后统一计划的，一般采取时标网络形式，总进度计划的控制任务是关键线路及关键节点的控制。月进度计是进度控制的中间环节也是保证总工期按时完成的关键。月进度计划要严格控制当前月的关键线路节点时间指标，同时防止非关键线路上的工作向关键线路转化。分包商在周计划中的进度计划偏差必须在一个月内调整至偏差完全消失，保证月计划不得拖延。月计划采用网络图或甘特图形式。总包商工程调度人员要对上周分包的进度完成情况进行比较分析，连同本周计划交生产负责人和项目经理审查后报监理批准，周计划一般可用横道图。进度计划可以有一定的偏差，但在一个月之内工期偏差必须进行修正。

2. 进度调整方法

进度调整一般主要有以下几种方法：

（1）改变某些工作间的逻辑关系。如果检查的实际施工进度产生的偏差影响了总工期，在工作之间的逻辑关系允许改变的条件下，可改变关键线路和超过计划工期的非关键路上的有关工作之间的逻辑关系，达到缩短工期的目的。用这种方法调整的效果是很显著的。例如，可以把依次进行的有关工作改成平行的或互相搭接的以及分成几个施工段同时进行流水施工等，都可以达到缩短工期的目的。

（2）缩短某些工作的持续时间。这种方法不改变工作之间的逻辑关系，而是通过缩短某些工作的持续时间使施工进度加快，并保证实现计划工期的方法。那些被压缩持续时间的工作是位于由于实际施工进度的拖延引起总工期增长的关键线路和某些非关键线路上的工作，同时又可压缩持续时间的工作。这种方法实际上就是网络计划优化方法和工期与成本优化的方法。

（3）资源供应的调整。如果资源供应发生异常，应采用资深优化方法进行调整，或采取应急措施，使其对工期影响最小化。

（4）增减施工内容。增减施工内容应做到不打乱原计划的逻辑关系，只对局部逻辑关系进行调整。在增减施工内容以后，应重新计算时间参数，分析对原网络计划的影响。当增减的施工内容对工期有影响时，应当采取调整措施，保证计划工期不变。

（5）增减工程量。增减工程量主要是指改变施工方案、施工方法，从而导致工程量的增加或减少。

（6）起止时间的改变。起止时间的改变应当在相应工作时差范围内进行。每次调整必须重新计算时间参数，观察该项调整对整个施工计划的影响。调整时可采用将工作在其最早开始时间和其最迟完成时间范围内移动、延长工作持续时间以及缩短工作的持续时间等方法。

3. 进度控制优化

项目进度计划的优化一般是根据项目的网络计划图来进行，即网络计划的优化，即在一定的约束条件下，按既定的网络计划，进行不断地改进、调整，以寻求满意的进度计划方案的过程。网络计划的优化目标不一而同，具体可分为工期优化、费用优化和资源优化。

（1）工期优化。工期优化是指通过压缩关键工作的持续时间来达到缩短工期的目的。在工期优化中，应按照经济合理的原则，不要将关键工作压缩成非关键。当工期优化过程中出现多条关键线路时，必须对各条关键的总持续时间进行等量压缩，否则不能有效缩短工期。在选择可压缩的关键工作内容时，应该考虑到缩短持续时间不影响项目质量和操作安全、有足够的备用资源以及缩短持续时间所导致的费用增加最少等多个方面。有时也可以通过调整工作之间的逻辑关系来达到工期优化的目的。

（2）费用—时间优化。费用—时间优化也称为时间成本优化，目的在于寻求总成本最低的工期安排或按期完工时的最低成本计划安排。该方法基于以下假设条件：每项工作有两组工期和费用估计，正常时间和正常费用、应急时间和应急费用；当必须采用应急方案时，要有足够的资源；正常时间和应急时间、正常费用和应急费用之间的关系是线性的。

工作的总费用由直接费和间接费构成，直接费会随着时间的压缩而增加，但是间接费用会随时间的缩短而减少。因此，当通过压缩关键线路上的工作以应急时，应将直接费最小的关键工作作为压缩对象。费用—时间优化的基本思路就是不断地在网络图中找出直接费用率最小的关键工作，以缩短其持续时间；同时考虑间接费随时间的缩短而减少。最后求得项目成本最低时的最优时间安排或按期完工时的最低成本安排。

（3）共享资源优化。共享资源优化的目的是通过改变工作的开始时间和完成时间，使共享资源按照时间的分布符合优化目标。通常情况可分为两种"共享资源有限，工期最短"和

"工期固定，资源均衡"。共享资源优化的前提条件是不改变网络图中的逻辑关系、不改变各项工作的持续关系、网络图中各项工作的共享资源强度是一个合理的常数和保持工作的连续性。

"共享资源有限，工期最短"的优化方式旨在尽可能缩短工期，提前完工，尽早收益。"工期固定，资源均衡"优化的目的在于使项目共享资源用量尽可能的均衡，单位时间内不出现过多的共享资源高峰和低谷，便于项目的组织与管理，从而降低总的成本支出，主要方法有方差值最小法、削高峰等。而实际上，在 EPC 工程总承包项目建设中，前后环节和工序在工作时间上是完全可以进行深度交叉和重叠的。

①缩短各环节各工序工作耗费的时间。缩短总工期的办法之一是提高关键路线上各环节、各工序的效率，增加在本环节本工序上包括人力和共享资源等投入的密度，从而达到缩短本环节本工序所占用时间的目的，但由于各环节各工序的工作存在着自然的时间需求，即无论怎样增加共享资源投入，工作的周期都不能再压缩了，因此这种时间的压缩是有一定限度的。

②增加上下游环节和工序的重叠时间。在关键路线上，当上游工作启动之后，将本环节或本工序工作的重点首先放在为下游工作的开始创造条件上，然后才继续深入和完善本环节本工序的工作，并随着本环节本工序工作的继续深入和完成，本环节本工序将继续不断地为下游创造和提供条件，这样，虽然上游的工作还没有彻底完成，但下游的工作同样可以开始、深入和完善，通过这种方式可以实现上、下游工作的深度交叉和重叠，从而在很大程度上节约总的时间，达到总工期缩短的目的。

③减少或避免由于错误造成的返工。任何返工，不仅需要重新投入资源，而且还要耗费一定的时间，影响工期。在项目的运行过程中，由于上游环节、上游工序不断地为下游创造条件，并源源不断地由浅入深地向下游提供输入，这些输入通常是先概念、后具体，先估算、后精确由浅入深的过程，非常可能给下游造成一定的工作重复，大多数这种工作重复被认为是正常的，即使对工期有一定影响也是不可避免的，但需要尽量减少和避免的重复是上、下游本身的工作或上游为下游创造条件的工作发生了人为的失误或错误，由于这类原因造成的工作重复即返工随着项目管理水平的提高和项目管理力度的加强可以尽可能地得到减少或者避免，因此，减少返工将作为减少工期损失必须考虑的因素。

4. 总分包关系对进度的影响

总包商应当对所有工作的计划统筹安排，总包商需要懂得各个分包工程的施工，结合总体计划与分包商的计划，找出关键线路，在可行的前提下，约束各分包商在每个工作面上的作业时间。因为所有分包商不能只顾自己工作，它必须为其他协作方留出工作面与作业时间，分包商也应当提出自己的合理作业时间。总包商和分包商在进度方面的关系依赖于双方的管理水平及经验。不成熟的总包商在进度管理方面表现出两种情况：一种情况是只根据各分包商上报的计划简单加总作为总计划而没有自己的计划，结果实施起来经常出现漏洞或冲突；另一种情况是总包商对分包商提出过分要求，留给分包商的作业时间太短，影响各参与分包商在实际施工中的协作关系，导致计划难以执行而延误工期。

第9章 总承包项目造价管理

工程项目的造价管理，就是确定拟建工程在满足使用功能和规定质量标准的前提下，所需要的全部建设费用目标，并为实现这一目标而进行的全过程管理活动。由于建筑产品是先交易后生产，而且，在通常情况下买方需要介入生产过程，甚至需要提供必要的生产条件，因此，工程的造价形成，从交易合同价到最终结算价，取决于买方和供方在生产过程中的造价控制水平。工程总承包项目造价管理是贯穿总承包项目全过程的管理活动，与投标、设计、采购、施工试运行的管理密切相关。

9.1 工程造价的构成

工程项目造价对于业主和承包商具有不同的内涵，如前所述，对承包商而言，是指工程总包合同价和工程竣工结算价；对业主而言，其工程造价除了向承包商支付全部工程价款外，还应包括土地费用、建设单位管理费以及与工程建设有关的由建设单位直接支出的各种费用，如设计费、咨询费、检测费等。因此，工程项目管理中的费用控制，在业主方表现为项目的投资控制；在工程承包方则表现为合同造价目标下的施工成本控制。由此可见，工程项目的建设投资、工程造价和成本三者的概念、内涵不同，但又有紧密的联系。本节介绍的是按照我国现行工程量清单计价的房屋建筑工程造价的构成。

1. 直接费

（1）直接工程费。

1）人工费。

2）材料费。

3）施工机械使用费。

（2）措施费。

1）环境保护费。

2）文明施工费。

3）安全施工费。

4）临时设施费。

5）夜间施工费。

6）二次搬运费。

7）大型机械安拆及场外运输费。

8）模板及支架费。

9）脚手架费。

10）已完工程及设备保护费。

11）施工排水及降水费。

2. 间接费

(1) 规费。

1) 工程排污费。

2) 工程定额测定费。

3) 社会保障费。

4) 住房公积金。

5) 危险作业意外伤害保险费。

(2) 企业管理费。

1) 管理人员工资。

2) 办公费。

3) 差旅交通费。

4) 固定资产使用费。

5) 工具用具使用费。

6) 劳动保险费。

7) 工会经费。

8) 职工教育经费。

9) 财产保险费用。

10) 财务费。

11) 税金。

12) 其他。

3. 利润

4. 税金

9.2　工程设计阶段的造价控制

工程项目的造价，首先是由其自身的质和量所决定的，即物有所值，其次才是考虑生产和交易过程的成本节约，以尽可能少的费用实现预期的产品数量和质量目标。因此，工程的前期项目策划和工程设计是确定和控制工程总造价的前提，在这个阶段中，不确定因素多，设计者的灵活机动性大，对工程造价的影响最为明显。技术先进、经济合理的工程设计，可以降低工程造价 5%～10%，有的甚至高达 10%～20%。因此，抓好设计阶段的工程造价控制对整个建筑工程的效益至关重要。设计阶段可采用限额设计、应用价值工程优化设计、采用标准设计等来提高设计质量和控制过程的预算造价。

9.2.1　采用限额设计

1. 限额设计的原理和意义

所谓限额设计就是按照批准的可行性研究投资估算，控制初步设计，按照批准的初步设计总概算控制施工图设计，同时各专业在保证达到使用功能的前提下，按照分配的投资限额控制设计，并严格控制设计的不合理变更，保证不突破总投资限额的工程设计过程。

限额设计通过合理确定设计标准、设计规模和设计原则，合理取定有关概预算基础资料，通过层层限额设计，来实现对投资限额的控制与管理，同时也实现了对设计规模、设计标准、工程数量与概预算指标等各个方面的控制。限额设计可以扭转设计概预算本身失控的现象，是控制工程造价的重要手段；有利于处理好技术与经济对立统一关系，有利于提高设计质量；有利于强化设计人员的工程造价意识，增加设计人员的实事求是的编制概预算的自觉性。

2. 限额设计的目标设定

限额设计目标（指标）是在初步设计开始前，根据批准的可行性研究报告及其投资估算（原值）确定的。限额设计指标，由设计项目经理或总设计师提出，经主管领导审批下达，其总额度一般只能下达直接工程费的 90%，以便项目经理或总设计师留有一定的调节指标，用完后，必须经批准才能调整。专业与专业之间或专业内部节约下来的单项费用，未经批准，不能相互平衡，自动调用，除直接费外，均得由费用控制工程造价师协助项目经理或总设计师掌握控制。

3. 限额设计的运作过程

（1）按批准的投资估算控制扩初设计。房屋建筑工程一般是按两阶段进行设计的，即扩初设计和施工图设计。在项目策划和方案设计阶段进行总投资估算，为扩初设计确定工程造价控制的限额目标。项目总设计师应组织设计人员制定切实可行的设计方案，并将投资限额分专业下达到设计者，促使设计者进行多方案比较选择，增强控制工程造价的意识，严格按照限额设计所分解的投资额控制设计概算，并经常对照检查本专业的工程费用，力求将造价和工程量控制在限额范围之内。

（2）按批准的设计概算控制施工图设计。经审核批准后的设计概算便是下一步施工图设计控制投资的限额依据。施工图是设计单位的最终产品，它是工程现场施工的主要依据。设计部门要掌握施工图设计造价变化的情况，要求其严格控制在批准的设计概算以内，并有所节约。

严格按照批准的设计概算进行施工图设计，这一阶段限额设计的重点应放在工程量控制上。扩初设计工程量一经审定，即作为施工图设计工程量的最高限额，不得突破。但由于扩初设计毕竟受外部条件的限制和人们主观认识的局限，随着工程建设实践的不断深入，施工图设计阶段和以后施工过程中的局部修改和变更往往是不可避免的，也将使设计和建设更趋完善。因此，会引起已确认的概算值的变化。这种变化在一定范围内是正常的，也是允许发生的，但必须经过核算和调整，以控制施工图设计不突破设计概算限额。

（3）加强设计变更管理，实行限额动态控制。一般来说，设计变更是不可避免的，但不同阶段的变更，其损失费用也不相同，变更发生的越早，损失越小，反之，损失就越大。因此，必须加强对设计变更的管理工作，严格控制变更发生，严禁通过设计变更扩大建设规模、增加建设内容、提高建设标准。对非发生不可的变更，应尽量提前实现，尽可能把变更控制在设计阶段，以减少损失。对影响工程造价的重大设计变更，要先算账后变更，避免造成重大变更损失。

4. 限额设计的基础工作

限额设计管理的基础工作，主要是健全和加强设计单位内部以及对建设单位的经济责任制；明确设计单位以及设计单位内部各有关人员、各有关专业科室对限额设计自负的责任。为此，要建立设计部门内各专业投资分配考核制度。设计开始前按照设计过程的不同阶段，将工程投资按专业进行分解，并分段考核。下段指标不得突破上段指标。哪一专业突破造价控制指标时，应分析原因，及时修改设计方案。问题发生在哪一阶段，就应消灭在哪一阶段。为此，应制定设计单位内部限额设计责任制，并建立限额设计奖惩机制。

9.2.2　优化设计

所谓优化设计，是以系统工程理论为基础，应用现代化数学成就——最优化技术和借助计算机技术，对工程设计方案、设备选型、参数选择、效益分析、项目可行性等方面进行最优化的设计方法。它是有效控制投资目标和实施限额设计的重要手段。在进行优化设计时，必须根据最优化问题的性质，选择不同的优化方法。

9.2.3　采用价值工程

1. 价值工程的基本原理与特点

价值工程是通过各相关领域的协作，对所研究对象的功能与费用关系进行系统分析，不断创新和提高研究对象价值的一种思想方法和管理技术。价值工程活动的目的是以研究对象最低寿命周期成本，可靠地实现使用者所需功能，以获取最佳综合效益。

价值工程的特点主要表现在以下四点：

（1）价值工程着眼于寿命周期成本。价值工程强调的是总成本的降低，即整个系统的经济效果。总成本就是指寿命周期成本，包括生产成本和使用成本。

（2）功能分析是价值工程的核心。价值工程着重对产品进行功能分析，通过功能分析，明确和保障必要功能、消除过剩和不必要功能，以达到降低成本、提高价值的目的。

（3）创新是价值工程的支柱。价值工程强调"突破、创新、求精"，充分发挥人的主观能动作用，发挥创造精神。

（4）价值工程强调技术分析与经济分析相结合。价值工程是一种技术经济方法，研究功能和成本的合理匹配，是技术分析与经济分析的有机结合。因此，分析人员必须具备技术和经济知识，紧密合作，做好技术经济分析，努力提高产品价值。

2. 价值工程的基本内容

价值工程可以分为四个阶段：准备阶段、分析阶段、创新阶段、实施阶段，大致可分为八项内容：价值工程对象选择、收集资料、功能分析、功能评价、提出改进方案、方案的评价与选择、试验证明、决定实施方案。

价值工程主要解决和回答以下 7 个问题：①价值工程的对象是什么？②它是干什么用的？③其成本是多少？④其价值是多少？⑤有无其他方法实现同样功能？⑥新方案成本是什么？⑦新方案能满足要求吗？

围绕这七个问题，价值工程的一般工作程序见表 9 - 1。

表 9 - 1　　　　　　　　　　　　　价值工程的一般工作程序

阶　段	步　骤	说　明
准备阶段	（1）对象选择	明确目标、限制条件和分析范围
	（2）组成领导小组	由项目负责人、专业技术人员和工程造价人员组成
	（3）制订工作计划	包括具体执行人、执行日期、工作目标等

阶　段	步　骤	说　明
分析阶段	（4）收集整理信息资料	此项工作应贯穿于价值工程的全过程
	（5）功能系统分析	明确功能特性要求，并绘制功能系统图
	（6）功能评价	确定功能目标成本，确定功能改进区域
创新阶段	（7）方案创新	提出各种不同的实现功能方案
	（8）方案评价	从技术、经济和社会等方面评价方案可行性
	（9）提案编写	将选出的方案及有关资料编写成册
实施阶段	（10）审批	由主管部门组织进行
	（11）实施与检查	制定实施计划，组织计划，并跟踪检查
	（12）成果鉴定	对实施后取得的技术经济效果进行成果鉴定

3. 提高产品价值的途径

价值工程中价值的大小取决于功能和费用的比值。

从价值与功能、费用关系中可以看出有五条基本途径可以提高产品的价值：

（1）在提高产品功能的同时，降低了产品成本。这可使价值大幅度提高，是最理想的提高价值的途径。

（2）提高功能，同时保持成本不变。

（3）在功能不变的情况下，降低成本。

（4）成本稍有下降，同时功能大幅度提高。

（5）功能稍有下降，成本大幅度降低。

尽管在产品形成的各个阶段都可以应用价值工程提高产品的价值，但在不同的阶段进行价值工程活动，其经济效果的提高幅度却是大不相同的。对于大型复杂的产品，应用价值工程的重点是在研究设计阶段，一旦图纸已经设计完成并投入生产，产品价值就基本决定了，这时再进行价值工程分析就变得更加复杂，不仅原来的许多工作成果要付之东流，而且改变生产工艺、设备工具等可能会造成很大的浪费，使价值工程活动的技术经济效果大大下降。因此，必须在产品的设计和研制阶段就开始价值工程活动，以取得最佳的综合效果。

4. 价值工程在工程设计中的应用

价值工程在建筑工程中的应用难度较大，这是由建筑产品的生产及其技术经济特征决定的。但价值工程作为一项行之有效的现代化科学管理技术，当前也广泛应用于建筑产品的设计与工艺过程中。在建筑工程设计中开展价值工程活动的目的，在于以最低的设计费用确保工程质量和满足其使用功能。

（1）设计阶段开展价值工程最有效。价值工程侧重于设计阶段开展工作，是由于其技术经济效果最为明显。尽管在产品生产的各个时期都可以应用价值工程提高产品价值，但在项目建设的不同时期进行价值工程活动，其经济效果却大不相同。在建筑工程中开展价值工程活动，起初是在施工安装阶段，而后则移向设计阶段，因为成本降低的潜力主要在设计阶段。设计部门组织价值工程工作小组，围绕提高产品价值，进行功能成本分析，研究寻求功能成本的最佳匹配，以达到优化设计，降低造价的目的。

（2）设计过程的一次性比重大。建筑产品具有固定性、单价性、多样性等特点，因而几乎每一项建筑工程都有其独特的建筑形式和构造方式，都需进行个别设计。这种设计过程一般都是一次性的，不会再重复进行。但同时，建筑产品价值巨大，每一项建筑工程的造价少则几万、几十万元，多则上百万、几千万甚至数以亿计。因此对每一项建筑工程，特别是价值巨大的工程在设计阶段开展价值工程活动，虽然只影响一次设计，但其节约的投资常常是很大的。

9.3　工程承发包阶段的造价控制

工程施工承发包是确定项目交易合同价的过程，直接关系承发包双方的利益，因此，为双方所关注。买方和卖方的出发点和行为各不相同，为实现公开、公平和公正的交易过程，必须有良好的市场环境和竞争与约束机制。从这个意义上说，工程造价管理不只是项目管理的行为，它包括宏观的政策、法规、市场机制和政府的监管职能。

9.3.1　施工合同造价的确立

工程发包承包价格的确立有招标投标定价、议价和直接发包定价三种。

1. 招标投标定价

招标投标定价是《中华人民共和国招标投标法》规定的一种定价方式，是由招标人提出招标文件，投标人进行报价竞争，中标人中标后与招标人通过谈判签订合同，以合同价格为发包承包价格的定价方式，属市场定价。

标底价格是招标人的期望价格，不是交易价格，是招标人以此作为衡量投标人的投标价格的一个尺度，也是招标人的一种控制投资的手段。所以设置标底价格使评标人有依据，对招标人控制投资效果有利。招标人设置标底有两个目的：一是追求最低价中标，则标底价只是作为招标人自己掌握的招标底数，起参考作用，不作为评标的依据；二是如果为避免因标价太低而损害质量，则标底价便可作为评判报价是否低于成本的参考依据之一。总之，标底是一种衡量和控制价格的方法和手段。

投标人为了得到工程施工承包的资格，按照招标人在招标文件中的要求进行估价，然后根据投标策略确定投标价格，以争取中标并通过工程施工实施取得经济效益。因此投标报价是卖方的要价，如果中标，这个价格就是合同谈判和签订合同确定工程价格的基础。由于"既要中标，又要获利"是投标报价的原则，故投标人的报价必须以雄厚的技术、管理实力作后盾，编制出有竞争力，又能盈利的投标报价。

评标定价时，评价委员会应当按照招标文件确定的标准和方法，对投标文件进行评审和比较，以招标文件和标底为依据，中标人的投标必须能最大限度地满足招标文件中所规定的各项综合评价标准，并且是在不低于成本价且能满足招标文件实质性要求的所有标价中最低的。中标者的报价，成为决标价，即签订合同的价格依据。

所以在招标投标定价过程，招标文件及标底价均可认为是发包人的定价意图；投标报价可认为是承包人定价意图；中标价是双方都可接受的价格。故可在合同中予以确定，合同价更具有法律效力。

2. 议价

议价是通过谈判的方式来确定中标者的价格。主要有以下几种方式：

（1）直接邀请议价。选择中标单位不是通过公开或邀请招标，而由招标人或其代理人直接邀请某一承包商进行单独协商，达成协议后签订工程合同。如果与一家协商不成，可以邀请另一家，直到协议达成为止。

（2）比价议价。"比价"是兼有邀请招标和协商特点的一种议标方式，一般使用于规模不大，内容简单的工程。通常的做法是由招标人将工程的有关要求送交到选定的几家承包商，要求他们在约定的时间提出报价，招标人经过分析比较，选择报价合理的承包商，就工期、造价、质量、付款、条件等细节进行协商，从而达成协议，签订合同。

（3）公开招标，但不公开开标的议价。招标单位在接到各投标单位的标书后，先就技术、管理、资质能力以及工期、造价、质量、付款条件等方面进行调查审核，并在初步认可的基础上，选择一名最理想的预中标单位并与之商谈，对标书进行调整协商，如能取得一致意见，则可定为中标单位，若不行则再找第二家预中标单位。这样逐次协商，直至双方达成一致意见为止。这种方式使招标单位有更多的灵活性，可以选择到比较理想的承包商。

由于中标者是通过谈判产生的，不利于公众监督，容易导致非法交易，因此要在国家允许的范围内采用这种方式。招标人应与足够数目的承包商举行谈判，以确保有效竞争，如果采用邀请报价，至少应有三家；招标人向某承包商发送的与谈判有关的任何规定、准则、文件或其他资料，应在平等基础上发送给与该招标人举行谈判的所有其他承包商；招标人与某一承包商之间的谈判应该是保密的，谈判的任何一方在未征得另一方同意的情况下，不得向第三方透露与谈判有关的任何资料、价格或其他市场信息。

3. 直接发包定价

"直接发包方式"与招标承包方式的本质区别是直接发包方式由发包人与指定的承包人直接接触，通过谈判达成协议，签订施工合同，而不需要像招标承包方式那样，通过招标投标确定承包人，然后签订合同。直接发包方式只适用于不宜进行招标的工程，所以直接发包工程就是非竞争性发包工程。

直接发包工程的定价方式是由发包人与承包方协调定价。首先提出协商价格意见的可能是发包人或其委托的中介机构；也可能是承包人提出价格交发包人或其委托人中介组织进行审核。无论哪一方提出协商价格意见，都要通过谈判协调，签订承包合同，确定为合同价。

直接发包价格一般是以审定的施工图设计预算为基础，发包人与承包人商定增减价的方式定价。而施工图设计预算是以预算定额为依据编制的设计文件，由于预算定额是计划价格的计算依据，故不能作为唯一的结算依据，还必须根据施工中的变化进行增减调整，调整的因素有：工程量比预算数量有较大出入，必须重新洽商定量；工程变更；索赔产生的价格增减；定额单价的调整；政策性的调整。增减预算价格需要发包人和承包人协商确定。

9.3.2 应用招标投标机制控制造价

招标阶段是业主和承包商进行交易的阶段，合同价格将在这个阶段确定。业主方在招标阶段的工程造价控制，主要是通过制定招标文件和标底，组织招标、评标，保证中标价格的合理性。

1. 标底价格

标底价格也即标底，指招标人根据招标项目的具体情况编制的完成招标项目所需的全部费用，是依据国家规定的计价依据和计价办法计算出来的工程造价，是招标人用以反映拟建工程的预期价格，而不是实际的交易价格。标底由成本、利润、税金组成，应该控制在批准的总概算和投资包干之内。招标人以标底价格作为衡量投标人的投标价格的一个尺度，是招标人控制投资的重要手段。

我国的《招标投标法》没有明确规定招标工程必须设置标底价格，招标人可根据工程的实际情况决定是否编制标底价格。显然，即使使用无标底招标方式进行工程招标，招标人在招标时也需要对工程的建造费用作出估计，以判断各个投标报价的合理性。

标底既然是评标的重要参照物，标底的准确性当然就十分重要。没有合理的标底可能会导致工程招标的失败，直接影响到对承包商的择优选用。编制切实可行的标底价格，真正发挥标底价格的作用，严格衡量和审定投标人的投标报价，是工程招标工作能否达到预期目标的关键。标底编制人员应严格按照国家的有关政策、规定，科学、公正地编制标底。

工程标底的具体编制需要根据招标工程项目的具体情况，如设计文件和图纸的深度、工程的规模、复杂程度、招标人的特殊要求、招标文件对投标报价的规定等选择合适的编制方法。如果在工程招标时施工图设计已经完成，标底价格应按施工图纸进行编制；如果招标时只是完成了扩初设计，标底价格只能按照扩初设计图纸进行编制；如果招标时只有设计方案，标底价格可用每平方米造价指标或单位指标等进行编制。

标底价格的编制除按设计图纸进行费用的计算外，还需考虑图纸以外的其他因素，包括由合同条件、现场条件、主要施工方案、施工措施等生产费用的取定，如依据招标文件或合同条件规定的不同要求，选择不同的计价方式；依据不同的工程发承包模式，考虑相应的风险费用；依据招标人对招标工程确立的质量要求和标准，合理确定相应的质量费用，对高于国家验收规范的质量因素有所反映；依据招标人对招标工程确定的施工工期要求、施工现场的具体情况，考虑必需的施工措施费用和技术措施费用等。

标底价格编制完成后还应该对其进行审查，保证标底的准确性、客观性和科学性。审查标底的目的是检查标底价格的编制是否真实、准确，标底价格如有漏洞应予以调整和修正。

如总价超过概算应按有关规定进行处理，不得以压低标底价格作为压低投资的手段。

2. 投标报价

投标报价即投标人为了得到工程施工承包的资格，按照招标人在招标文件中的要求进行估价，然后根据投标策略确定投标价格，以争取中标并通过工程实施取得经济效益。因此投标报价是投标人即卖方的要价。如果设有标底，投标报价时要研究招标人评标时如何使用标底：如果是越靠近标底得分越高，则投标报价就不应该追求最低标价；如果标底只作为招标人的参考价，仍要求低价中标，这时投标人就要努力使标价最具竞争力，既保证报价最低也保证报价不低于其成本，以获得既定的利润。这种情况下，投标人的报价必须有雄厚的技术、管理实力作后盾，编制出有竞争力、又能盈利的投标报价。编制投标报价的依据应是企业定额，该定额由企业根据自身技术水平和管理能力进行编制。企业定额应具有计量方法和基础价格，报价时还要以询价的办法了解相关价格信息，对企业定额中的基础价格进行调整后使用。

3. 评标

评标就是指招标人根据招标文件中规定的评标标准和办法对投标人的投标文件进行评价审核以确定中标单位的活动。《招标投标法》第四十条规定："评标委员会应当按照招标文件确定的评标标准和方法，对投标文件进行评审和比较。设有标底的，应当参考标底"。所以评标的依据一是招标文件，二是标底（如果设有标底时）。《招标投标法》第四十一条规定：

中标人的投标应符合下列两个条件之一：一是"最大限度地满足招标文件中规定的各项综合评价标准"，该评价标准中当然包含投标报价；二是"能够满足招标文件的实质性要求，并且经评审的投标价格最低，但是投标价低于成本的除外"。这两个条件其实就是评标的两种不同的标准。

第一种标准其实就是综合评价法，往往制定一系列评价指标和相应的权重，在评标时对各个投标人的投标文件进行评价打分，总得分最高的投标人中标。在使用这种标准进行评标的时候必须给报价因素以足够的权重，报价的权重太低不利于对造价进行有效控制。

第二种评标标准的本质就是低价中标，在其他评标因素都符合招标文件的要求的前提下经评审的最低报价中标。按照《招标投标法》规定中标的报价不得低于成本。这里所说的成本是指承包企业在工程建设中将合理发生的所有施工成本，应该包括直接工程费、间接费以及税金。这个成本应该是指投标单位的个别成本，而不是社会平均成本，因为不同技术水平和管理水平的企业，其人工、材料、机械台班、工期等生产要素的消耗水平是不同的，相应地它们的个别成本也就不同，如果招标人用一个代表社会平均水平的成本（比如预算成本）来代表所有投标人的个别成本，那么就可能导致水平高的投标人反而被淘汰的情况。所以在评标时应该由评标委员会的专家根据具体报价情况来判断各个投标人的个别成本。对于投标报价明显过低的投标，评标委员会认真研究后认定是低于其个别成本的，应该视其为废标。

招标投标实质上既是工程价格形成的方式也是承包合同形成的方式。招标人所发放的招标文件可认为是要约邀请，投标人的投标文件是正式的要约，中标通知书是正式的承诺。

所以根据我国的《合同法》，中标通知书一旦发放即意味着双方的承包合同正式成立。

第 10 章　总承包项目合同与合同管理

10.1　工程招标与投标

总承包项目合同与合同管理也是工程合同与合同管理过程。

工程招标投标活动，是我国建设工程承包合同订立的最主要方式。《建筑法》第 19 条规定："建筑工程依法实行招标发包，对不适于招标发包的可以直接发包。"

工程招标是指业主率先提出工程的条件和要求，发布招标广告吸引或直接邀请众多投标人参加投标并按照规定格式从中选择承包商的行为。工程投标是指投标人在同意招标人拟订好的招标文件的前提下，对招标项目提出自己的报价和相应条件，通过竞争努力被招标人选中的行为。

合同的订立一般要经过要约和承诺两个阶段，有的合同还要经过要约邀请的阶段和签订合同书阶段。工程合同的订立同样要采取要约、承诺的方式。《合同法》第 15 条规定，招标人发布招标公告的行为属于要约邀请，据此，投标人投标的行为属于要约，招标人发出中标通知书的行为属于承诺。

10.1.1　工程招标

1. 工程施工招标应具备的条件

根据 2003 年 5 月 1 日起施行的由国家计委、建设部、铁道部、交通部、信息产业部、水利部、中国民用航空总局联合发布的《工程建设项目施工招标投标办法》第 8 条的规定，工程施工招标应具备的条件包括：

（1）招标人已经依法成立。

（2）初步设计及概算应当履行审批手续的，已经批准。

（3）招标范围、招标方式和招标组织形式等应当履行核准手续的，已经核准。

（4）有相应资金或资金来源已经落实。

（5）有招标所需的设计图纸及技术资料。

2. 工程招标的方式

《招标投标法》规定，招标分为公开招标和邀请招标。据此，议标这种招标方式已被我国法律所禁止。

（1）公开招标。公开招标亦称无限竞争性招标，是指招标人以招标公告的方式邀请不特定的法人或者其他组织招标。采用这种招标方式可为所有的承包商提供一个平等竞争的机会，业主有较大的选择余地，有利于降低工程造价，提高工程质量和缩短工期。不过，这种招标方式可能导致招标人对资格预审和评标工作量加大，招标费用支出增加；同时也使投标人中标几率减小，从而增加其投标前期风险。

（2）邀请招标。邀请招标也称有限招标，是指招标人以投标邀请书的方式邀请特定的法人或者其他组织投标。采用这种招标方式，由于被邀请参加竞争的投标者为数有限，不仅可以节省招标费用，而且能提高每个投标者的中标几率，所以对招标、投标双方都有利。不过，这种招标方式限制了竞争范围，把许多可能的竞争者排除在外，是不符合自由竞争、机会均等原则的。

3. 工程招标程序

（1）招标文件的编制。

1）工程设计招标文件的内容。《工程设计招投标管理办法》第9条规定招标文件应当包括以下内容：

①工程名称、地址、占地面积、建筑面积等。

②已批准的项目建议书或者可行性研究报告。

③工程经济技术要求。

④城市规划管理部门确定的规划控制条件和用地红线图。

⑤可供参考的工程地质、水文地质、工程测量等建设场地勘察成果报告。

⑥供水、供电、供气、供热、环保、市政道路等方面的基础资料。

⑦招标文件答疑、踏勘现场的时间和地点。

⑧投标文件编制要求及评标原则。

⑨投标文件送达的截止时间。

⑩拟签订合同的主要条款。

⑪未中标方案的补偿办法。

2）工程项目施工招标文件的内容。《工程建设项目施工招标投标办法》第24条规定，建设项目施工招标文件包括以下内容：

①投标邀请书。

②投标人须知。

③合同主要条款。

④投标文件格式。

⑤采用工程量清单招标的，应当提供工程量清单。

⑥技术条款。

⑦设计图纸。

⑧评标标准和方法。

⑨投标辅助材料。

（2）招标文件与资格预审文件的出售。

1）招标人应当按照招标公告或者投标邀请书规定的时间、地点出售招标文件或资格预审文件。自招标文件或者资格预审文件出售之日起至停止出售之日止，最短不得少于5个工作日。

2）对招标文件或者资格预审文件的收费应当合理，不得以赢利为目的。对于所附的设计文件，招标人可以向投标人酌收押金。对于开标后投标人退还设计文件的，招标人应当向投标人退还押金。

3）招标文件或者资格预审文件售出后不予退还。招标人在发布招标公告、发出投标邀请书后或者出售招标文件或资格预审文件后不得终止招标。

（3）资格预审。资格预审，是指招标人在招标开始之前或者开始初期，由招标人对申请参加投标的潜在投标人进行资质条件、业绩、信誉、技术、资金等多方面的情况进行资格审查；经认定合格的潜在投标人，才可以参加投标。

《工程建设项目施工招标投标办法》第 20 条规定，资格审查应主要审查潜在投标人或者投标人是否符合下列条件：

1）具有独立订立合同的权利。

2）具有履行合同的能力，包括专业、技术资格和能力，资金、设备和其他物质设施状况，管理能力，经验、信誉和相应的从业人员。

3）没有处于被责令停业，投标资格被取消，财产被接管、冻结，破产状态。

4）在最近三年内没有骗取中标和严重违约及重大工程质量问题。

5）法律、行政法规规定的其他资格条件。

资格审查时，招标人不得以不合理的条件限制、排斥潜在投标人或者投标人，不得对潜在投标人或者投标人实行歧视待遇。任何单位和个人不得以行政手段或者其他不合理方式限制投标人的数量。

资格预审程序包括以下三方面的步骤：

1）发布资格预审通告。

2）发售资格预审文件。

3）资格预审资料分析并发出资格预审合格通知书。

（4）招标文件的澄清与修改。招标文件对招标人具有法律约束力，一经发出，不得随意更改。

根据《招标投标法》第 23 条的规定："招标人对已发出的招标文件进行必要的澄清或者修改的，应当在招标文件要求提交投标文件截止时间至少 15 日前，以书面形式通知所有招标文件收受人。该澄清或者修改的内容为招标文件的组成部分。"

招标人应保管好证明澄清或修改通知已发出的有关文件（如邮件回执等）；投标单位在收到澄清或修改通知后，应书面予以确认，该确认书双方均应妥善保管。

（5）开标。

1）开标的时间、地点和参加人。招标投标活动经过了招标阶段和投标阶段之后，便进入了开标阶段。为了保证招标投标的公平、公正、公开，开标的时间和地点应遵守法律和招标文件中的规定。根据《招标投标法》第 7 条规定："开标应当在招标文件确定的提交投标文件截止时间的同一时间公开进行；开标地点应当为招标文件中预先确定的地点。"

同时，《招标投标法》第 35 条规定："开标由招标人主持，邀请所有投标人参加。"

2）废标的条件。《工程建设项目施工招标投标办法》第 50 条规定，投标文件有下列情形之一的，招标人不予受理：

①逾期送达的或者未送达指定地点的。

②未按招标文件要求密封的。

投标文件有下列情形之一的，由评标委员会初审后按废标处理：

①无单位盖章并无法定代表人或无法定代表人授权的代理人签字或盖章的。

②未按规定的格式填写，内容不全或关键字迹模糊、无法辨认的。

③投标人递交两份或多份内容不同的投标文件，或在一份投标文件中对同一招标项目报有两个或多个报价，且未声明哪一个有效，按招标文件规定提交备选投标方案的除外。

④投标人名称或组织结构与资格预审时不一致的。

⑤未按招标文件要求提交投标保证金的。

⑥联合体投标未附联合体各方共同投标协议的。

（6）评标。评标的准备与初步评审工作包括：

1）编制表格，研究招标文件。评标委员会成员应当编制供评标使用的相应表格，认真研究招标文件，至少应了解和熟悉以下内容：

①招标的目标。

②招标项目的范围和性质。

③招标文件中规定的主要技术要求、标准和商务条款。

④招标文件规定的评标标准、评标方法和在评标过程中考虑的相关因素。

招标人或者其委托的招标代理机构应当向评标委员会提供评标所需的重要信息和数据。招标人设有标底的，标底应当保密，并在评标时作为参考。

2）投标文件的排序和汇率风险的承担。评标委员会应当按照投标报价的高低或者招标文件规定的其他方法对投标文件排序。

以多种货币报价的，应当按照中国银行在开标日公布的汇率中间价换算成人民币。招标文件应当对汇率标准和汇率风险作出规定。未作规定的，汇率风险由投标人承担。

3）投标文件的澄清、说明或补正。评标委员会可以书面方式要求投标人对投标文件中含义不明确、对同类问题表述不一致或者有明显文字和计算错误的内容作必要的澄清、说明或者补正。澄清、说明或者补正应以书面方式进行并不得超出投标文件的范围或者改变投标文件的实质性内容。投标文件中的大写金额和小写金额不一致的，以大写金额为准；总价金额与单价金额不一致的，以单价金额为准，但单价金额小数点有明显错误的除外；对不同文字文本投标文件的解释发生异议的，以中文文本为准。

4）具体评标过程。

①评标方法。评标委员会应当根据招标文件规定的评标标准和方法，对投标文件进行系统的评审和比较。招标文件中没有规定的标准和方法不得作为评标的依据。招标文件中规定的评标标准和评标方法应当合理，不得含有倾向或者排斥潜在投标人的内容，不得妨碍或者限制投标人之间的竞争。

评标方法包括经评审的最低投标价法、综合评估法或者法律、行政法规允许的其他评标方法。

a. 经评审的最低投标价法。经评审的最低投标价法一般适用于具有通用技术、性能标准或者招标人对其技术、性能没有特殊要求的招标项目。根据经评审的最低投标价法，能够满足招标文件的实质性要求，并且经评审的最低投标价的投标，应当推荐为中标候选人，但其投标价格低于其企业成本的除外。

采用经评审的最低投标价法的，评标委员会应当根据招标文件中规定的评标价格调整方法，以所有投标人的投标报价以及投标文件的商务部分作必要的价格调整。采用经评审的最低投标价法的，中标人的投标应当符合招标文件规定的技术要求和标准，但评标委员会无需对投标文件的技术部分进行价格折算。

根据经评审的最低投标价法完成详细评审后，评标委员会应当拟定一份"标价比较表"，连同书面评标报告提交招标人。"标价比较表"应当载明投标人的投标报价、对商务偏差的价格调整和说明以及经评审的最终投标价。

b. 综合评估法。不宜采用经评审的最低投标价法的招标项目，一般应当采取综合评估法进行评审。根据综合评估法，最大限度地满足招标文件中规定的各项综合评价标准的投标，应当推荐为中标候选人。

衡量投标文件是否最大限度地满足招标文件中规定的各项评价标准，可以采取折算为货币的方法、打分的方法或者其他方法。需量化的因素及其权重应当在招标文件中明确规定。评标委员会对各个评审因素进行量化时，应当将量化指标建立在同一基础或者同一标准上，使各投标文件具有可比性。对技术部分和商务部分进行量化后，评标委员会应当对这两部分的量化结果进行加权，计算出每一投标的综合评估价或者综合评估分。

根据综合评估法完成评标后，评标委员会应当拟定一份"综合评估比较表"，连同书面评标报告提交招标人。"综合评估比较表"应当载明投标人的投标报价、所做的任何修正、对商务偏差的调整、对技术偏差的调整、对备评审因素的评估以及对每一投标的最终评审结果。

《房屋建筑和市政基础设施工程施工招标投标管理办法》第 41 条第 2 款规定："采用综合评估法的，应当对投标文件提出的工程质量、施工工期、投标价格、施工组织设计或者施工方案、投标人及项目经理业绩等，能否最大限度地满足招标文件中规定的各项要求和评价标准进行评审和比较。以评分方式进行评估的，对于各种评比奖项不得额外计分。"

②备选标。根据招标文件的规定，允许投标人投备选标的，评标委员会可以对中标人所投的备选标进行评审，以决定是否采纳备选标。不符合中标条件的投标人的备选标不予考虑。

③招标项目作为一个整体合同授予。对于划分有多个单项合同的招标项目，招标文件允许投标人为获得整个项目合同而提出优惠，评标委员会可以对投标人提出的优惠进行审查，以决定是否将招标项目作为一个整体合同授予中标人。将招标项目作为一个整体合同授予的，整体合同中标人的投标应当最有利于招标人。

④投标有效期的延长。评标和定标应当在投标有效期结束日 30 个工作日前完成。不能在投标有效期结束日 30 个工作日前完成评标和定标的，招标人应当通知所有投标人延长投标有效期。拒绝延长投标有效期的投标人有权收回投标保证金，同意延长投标有效期的投标人应当相应延长其投标担保的有效期，但不得修改投标文件的实质性内容。因延长投标有效期造成投标人损失的，招标人应当给予补偿，但因不可抗力需延长投标有效期的除外。招标文件应当载明投标有效期，投标有效期从提交投标受件截止日起计算。

评标委员会完成评标后，应当向招标人提出书面评标报告，并抄送有关行政监督部门。

评标报告应当如实记载以下内容：

a. 基本情况和数据表。

b. 评标委员会成员名单。

c. 开标记录。

d. 符合要求的投标一览表。

e. 废标情况说明。

f. 评标标准、评标方法或者评标因素一览表。

g. 经评审的价格或者评分比较一览表。

h. 经评审的投标人排序。

i. 推荐的中标候选人名单与签订合同前要处理的事宜。

j. 澄清、说明、补正事项纪要。

评标委员会推荐的中标候选人应当限定在 1~3 人，并标明排列顺序。同时，《工程设计招投标管理办法》第 19 条规定，采用公开招标方式的，评标委员会应当向招标人推荐 2~3 个中标候选方案；采用邀请招标方式的，评标委员会应当向招标人推荐 1~2 个中标候选方案。

在确定中标人之前，招标人不得与投标人就投标价格、投标方案等实质性内容进行谈判。中标人的投标应当符合下列条件之一：

a. 能够最大限度满足招标文件中规定的各项综合评价标准。

b. 能够满足招标文件的实质性要求，并且经评审的投标价格最低，但是投标价格低于成本的除外。

使用国有资金投资或者国家融资的项目，招标人应当确定排名第一的中标候选人为中标人。排名第一的中标候选人放弃中标、因不可抗力提出不能履行合同，或者招标文件规定应当提交履约保证金而在规定的期限内未能提交的，招标人可以确定排名第二的中标候选人为中标人。排名第二的中标候选人因同样原因不能签订合同的，招标人可以确定排名第三的中标候选人为中标人。

招标人可以授权评标委员会直接确定中标人。国务院对中标人的确定另有规定的，从其规定。

（7）中标。评标委员会提出书面评标报告后，招标人一般应当在 15 日内确定中标人，但最迟应当在投标有效期结束日前 30 个工作日内确定。

招标人和中标人应当自中标通知书发出之日起 30 日内，按照招标文件和中标人的投标文件订立合同。招标人和中标人再行订立背离合同实质性内容的其他协议。

10.1.2 工程投标

1. 工程投标程序

（1）编制投标文件。

1）结合现场踏勘和投标预备会的结果，进一步分析招标文件。

2）校核招标文件中的工程量清单。

3）根据工程类型编制施工规划或施工组织设计。

4）根据工程价格构成进行工程估价，确定利润方针，计算和确定报价。

5）形成投标文件。

6）进行投标担保。

（2）投标文件的送达。《招标投标法》第 28 条规定："投标人应当在招标文件要求提交投标文件的截止时间前，将投标文件送达投标地点。招标人收到投标文件后，应当签收保存，不得开启。"

《招标投标法》第 29 条规定："投标人在招标文件要求提交投标文件的截止时间前，可以补充、修改或者撤回已提交的投标文件，并书面通知招标人。补充、修改的内容为投标文件的组成部分。"

《工程建设项目施工招标投标办法》第 40 条规定："在提交投标文件截止时间后到招标

文件规定的投标有效期终止之前，投标人不得补充、修改、替代或者撤回其投标文件。投标人补充、修改、替代投标文件的，招标人不予接受；投标人撤回投标文件的，其投标保证金将被没收。"

2. 有关投标人的法律禁止性规定

（1）下列行为均属投标人串通投标报价：

1）投标人之间相互约定抬高或压低投标报价。

2）投标人之间相互约定，在招标项目中分别以高、中、低价位报价。

3）投标人之间先进行内部竞价，内定中标人，然后再参加投标。

4）投标人之间其他串通授标报价的行为。

（2）下列行为均属招标人与投标人串通投标：

1）招标人在开标前开启招标文件，并将投标情况告知其他投标人，或者协助投标人撤换投标文件，更改报价。

2）招标人向投标人泄露标底。

3）招标人与投标人商定，投标时压低或抬高标价，中标后再给投标人或招标人额外补偿。

4）招标人预先内定中标人。

（3）其他串通投标行为。

1）投标人不得以行贿的手段谋取中标。

2）投标人不得以低于成本的报价竞标。

3）投标人不得以非法手段骗取中标。

（4）其他禁止行为。

1）非法挂靠或借用其他企业的资质证书参加投标。

2）投标文件中故意在商务上和技术上采用模糊的语言骗取中标，中标后提供低档劣质货物、工程或服务。

3）投标时递交假业绩证明、资格文件；假冒法定代表人签名，私刻公章，递交假的委托书等。

10.1.3　工程合同谈判与签约

1. 合同谈判的主要内容

（1）关于工程内容和范围的确认。

（2）关于技术要求，技术规范和施工技术方案。

（3）关于合同价格条款。

（4）关于价格调整条款。

（5）关于合同款支付方式的条款。

（6）关于工期和维修期。

2. 承包合同最后文本的确定和合同签订

（1）合同文件内容。

1）工程承包合同文件构成：合同协议书；工程量及价格单；合同条件，一般由合同一般条件和合同特殊条件两部分构成；投标人须知；合同技术条件（附投标图纸）；业主授标通知等。

2）对所有在招标投标及谈判前后各方发出的文件、文字说明、解释性资料进行清理。

对凡是与上述合同构成内部矛盾的文件，应宣布作废。可以在双方签署的《合同补遗》中，对此做出排除性质的声明。

（2）关于合同协议的补遗。

1）在合同谈判阶段双方谈判的结果一般以合同的形式，有时也可以以《合同谈判纪要》形式，形成书面文件。这一文件将成为合同文件中极为重要的组成部分，因为它最终确认了合同签订人之间的意志，所以它在合同解释中优先于其他文件。

2）同时应注意的是，建设工程承包合同必须遵守法律。对于违反法律的条款，即使由合同双方达成协议并签了字，也不受法律保障。因此，为了确保协议的合法性，应由律师核实，才可对外确认。

（3）签订合同。业主或监理工程师在合同谈判结束后，应按上述内容和形式完成一个完整的合同文本草案，并经承包人授权代表认可后正式形成文件，承包人代表应认真审核合同草案的全部内容。当双方认为满意并核对无误后，由双方代表草签，至此合同谈判阶段即告结束。此时，承包人应及时准备和递交履约保函，准备正式签署承包合同。

10.2　工程合同类型和内容

10.2.1　工程合同类型

1. 按照工程建设阶段分类

工程的建设过程大体上经过勘察、设计、施工三个阶段：

（1）工程勘察，是指根据工程的要求，查明、分析、评价建设场地的地质地理环境特征和岩土工程条件，编制建设工程勘察文件的活动。

（2）工程设计，是指根据工程的要求，对工程所需的技术、经济、资源、环境等条件进行综合分析、论证，编制工程设计文件的活动。

（3）工程施工，是指根据工程设计文件的要求，对工程进行新建、扩建、改建的活动。

2. 按照承发包方式分类

（1）勘察、设计或施工总承包合同。勘察、设计或施工总承包，是指建设单位将全部勘察、设计或施工的任务分别发包给一个勘察、设计单位或一个施工单位作为总承包人，经发包人同意，总承包人可以将勘察、设计或施工任务的一部分（非总承包人必须独立完成的工作）分包给其他符合资质的分包人。据此明确各方权利义务的协议即为勘察、设计或施工总承包合同。在这种模式中，发包人与总承包人订立总承包合同，总承包人与分包人订立分包合同，总承包人与分包人就工作成果承担连带责任。

（2）单位工程施工承包合同。单位工程施工承包，是指在一些大型、复杂的建设工程中，发包人可以将专业性很强的单位工程发包给不同的承包人，与承包人分别签订土木工程施工合同、电气与机械工程承包合同，这些承包人之间为平行关系。单位工程施工承包合同常见于大型工业建筑安装工程。

据此明确各方权利义务的协议即为单位工程施工承包合同。

（3）工程项目总承包合同。工程项目总承包，是指建设单位将包括工程设计、施工、材料和设备采购等一系列工作全部发包给一家承包单位，由其进行实质性设计、施工和采购工作，最后向建设单位交付具有使用功能的工程项目。工程项目总承包实施过程可依法将部分工程分包，据此明确各方权利义务的协议，即为工程项目总承包合同。

（4）BOT 承包合同（特许权协议书）。BOT 承包模式，是指由政府或政府授权的机构授予承包人在一定的期限内，以自筹资金建设项目并自费经营和维护，向东道国出售项目产品或服务，收取价款或酬金，期满后将项目全部无偿移交东道国政府的工程承包模式。据此明确各方权利义务的协议，即为 BOT 合同。

3. 按照承包工程计价方式分类

（1）总价合同。总价合同有时称为约定总价合同，或包干合同。这种合同一般要求投标人按照招标文件要求报一个总价，在这个价格下完成合同规定的全部项目。总价合同通常有如下几种类型：

1）固定总价合同。承包商的报价以详细的设计图纸及计算为基础，并考虑到一些费用的上升因素，如图纸及工程要求不变动则总价固定，但当施工中图纸或工程质量要求有变更，或工期要求提前，则总价也应改变。这种合同适用于工期较短（一般不超过 1 年）、对工程项目要求十分明确的项目。承包商将承担全部风险，将为许多不可预见的因素付出代价，因此一般报价较高。

2）调价总价合同。在报价及签订合同时，以招标文件的要求及当时的物价计算总价合同。但在合同条款中约定：如果在执行合同中由于通货膨胀引起工程成本增加达到某一限度时，合同总价应相应调整。这种合同业主担通货膨胀这一不可预见的费用因素的风险，承包商承担其他风险。一般工期较长的项目，采用可调总价合同。

（2）单价合同。当准备发包的工程项目内容和设计指标一时不能十分确定时，或是工程量可能出入较大，则以采用单价合同形式为宜。单价合同主要有如下几种类型：

1）单价合同。在设计单位还来不及提供施工详图，或虽有施工图但由于某些原因不能比较准确的计算工程量时采用这种合同。招标文件只向投标人给出各分项工程内的工作项目一览表、工程范围及必要的说明，而不提供工程量。承包商只要给出表中各项目的单价即可，将来施工时按实际工程量计算。有时也可由业主一方在招标文件中列出单价，而投标一方提出修改意见，双方磋商后确定最后的承包单价。

2）单价与包干混合式合同。以单价合同为基础，但对其中某些不易计算工程量的分项工程（如开办项目）采用包干办法。而对能用某种单位计算工程量的，均要求报单价，按实际完成工程量及合同上的单价结账。很多大型土木工程都采用这个方式。

（3）成本加酬金合同。成本加酬金合同，即业主向承包商支付实际工程成本中的直接费，按事先协议好的某一种方式支付管理费及利润的一种合同方式。对工程内容及其技术经济指标尚未完全确定而又急于上马的工程，如建筑物维修、翻新的工程或是施工风险很大的工程可采用这种合同。

10.2.2 工程合同的主要内容

（1）工程总承包合同的主要条款。

1）词语含义及合同文件。工程总承包合同双方当事人应对合同中常用的或容易引起歧义的词语进行解释，赋予它们明确的含义。对合同文件的组成、顺序、合同使用的标准，也应作出明确的规定。

2）工程总承包的内容。工程总承包合同双方当事人应对总承包的内容作出明确规定，一般包括从工程立项到交付使用的工程建设全过程，具体应包括：勘察设计、设备采购、施工管理、试车考核（或交付使用）等内容。具体的承包内容由当事人约定，如约定设计——施工的总承包、投资——设计——施工的总承包等。

3）双方当事人的权利义务。

①发包人一般应当承担以下义务：按照约定向承包人支付工程款；向承包人提供现场；协助承包人申请有关许可、执照和批准；如果发包人单方要求终止合同后，没有承包人的同意，在一定时期内不得重新开始实施该工程。

②承包人一般应当承担以下义务：完成满足发包人要求的工程以及相关的工作；提供履约保证；负责工程的协调与恰当实施；按照发包人的要求终止合同。

4）合同履行期限。合同应当明确规定交工的时间，同时也应对各阶段的工作期限作出明确规定。

5）合同价款。这一部分内容应规定合同价款的计算方式、结算方式以及价款的支付期限等。

6）工程质量与验收。合同应当明确规定对工程质量的要求，对工程质量的验收方法、验收时间及确认方式。

工程质量检验的重点应当是竣工验收，通过竣工验收后发包人可以接收工程。

7）合同的变更。工程的特点决定了建设工程总承包合同在履行中往往会出现一些事先没有估计到的情况。一般在合同期限内的任何时间，发包人代表可以通过发布指示或者要求承包人递交建议书的方式提出变更。如果承包人认为这种变更是有价值的，也可以在任何时候向发包人代表提交此类建议书。当然，最后的批准权在发包人。

8）风险、责任和保险。承包人应当保障和保护发包人、发包人代表以及雇员免受由工程导致的一切索赔、损害和开支。应由发包人承担的风险也应作明确的规定。合同对保险的办理、保险事故的处理等都应作明确的规定。

9）工程保修。合同应按国家的规定写明保修项目、内容、范围、期限及保修金额和支付办法。

10）对设计、分包人的规定。承包人进行并负责工程的设计，设计应当由合格的设计人员进行。承包人还应当编制足够详细的施工文件，编制和提交竣工图、操作和维修手册。承包人应对所有分包方遵守合同的全部规定负责，任何分包方、分包方的代理人或者雇员的行为或者违约，完全视为承包人自己的行为或者违约，并负全部责任。

11）索赔和争议的处理。合同应明确索赔的程序和争议的处理方式。对争议的处理，一般应以仲裁作为解决的最终方式。

12）违约责任。合同应明确双方的违约责任。包括发包人不按时支付合同价款的责任、超越合同规定干预承包人工作的责任等；也包括承包人不能按合同约定的期限和质量完成工作的责任等。

（2）建设工程总承包合同的订立和履行。

1）订立。工程总承包合同通过招标投标方式订立。承包人一般应当根据发包人对项目的要求编制投标文件，可包括设计方案、施工方案、设备采购方案、报价等。双方在合同上签字盖章后，合同即告成立。

2）履行。

①工程总承包合同订立后，双方都应按合同的规定严格履行。发包人应当任命发包人代表，行使合同中明文规定的或隐含的权力，但无权修改合同。发包人代表应当具备要求的经验与能力，他可以将自己的部分职责委托给助理，但一些重大的决定必须由发包人代表自己作出。

②总承包单位可以按合同规定对工程项目进行分包，但不得倒手转包。所谓倒手转包，是指将建设项目转包给其他单位承包，只收取管理费，不派项目管理班子对建设项目进行管理，不承担技术经济责任的行为。工程总承包单位应当做好分包项目的管理工作，并就分包的工作内容对建设单位承担技术经济责任。

③工程总承包单位可以将承包工程中的部分工程发给具有相应资质条件的分包单位，但是除总承包合同中约定的工程分包外，必须经发包人认可。

10.3　工程合同管理

10.3.1　工程合同分析

1. 进行合同分析的必要性

（1）合同条文往往不直观明了，一些法律语言不容易理解。只有在合同实施前进行合同分析，将合同规定用最简单易懂的语言和形式表达出来，使人一目了然，这样才能方便日常管理工作。

（2）在一个工程中，合同是一个复杂的体系，几份、十几份甚至几十份合同之间有十分复杂的关系。即使对一份工程承包合同，它的内容没有条理性，有时某一个问题可能在许多条款，甚至在许多合同文件中规定，在实际工作中使用极不方便。

（3）合同事件和工程活动的具体要求（如工期、质量、费用等），合同各方的责任关系，事件和活动之间的逻辑关系极为复杂。要使工程按计划有条理地进行，必须在工程开始前将它们落实下来，并从工期、质量、成本、相互关系等各方面予以定义。

（4）许多工程小组，项目管理职能人员所涉及的活动和问题不是全部合同文件，而仅为合同的部分内容。他们没有必要在工程实施中死抱着合同文件，通常比较好的办法是由合同管理专家先作全面分析，再向各职能人员和工程小组进行合同交底。

（5）在合同中依然存在问题和风险，包括合同审查时已经发现的风险和还可能隐藏着的尚未发现的风险。合同中必然存在不具体、不全面甚至矛盾的条款。

在合同实施前有必要作进一步的全面分析，对风险进行确认和定界，具体落实对策措施。风险控制，在合同控制中占有十分重要的地位。如果不能透彻地分析出风险，就不可能对风险有充分的准备，则在实施中很难进行有效的控制。

（6）合同分析实质上又是合同执行的计划，在分析过程中应具体落实合同执行战略。

（7）在合同实施过程中，合同双方会有许多争执。合同争执常常起因于合同双方对合同条款理解的不一致。要解决这些争执，首先必须作合同分析，按合同条文的表达，分析它的意思，以判定争执的性质。要解决争执，双方必须就合同条文的理解达成一致。

2. 工程合同分析的内容

合同分析在不同的时期，为了不同的目的，有不同的内容，通常有：

（1）合同的法律基础。即合同签订和实施的法律背景。通过分析，承包商了解适用于合同的法律的基本情况（范围、特点等），用以指导整个合同实施和索赔工作。对合同中明示的法律应重点分析。

（2）承包商的主要任务。这是合同分析的重点之一，主要分析承包商的合同责任和权利，分析内容通常有：

1）承包商的总任务，即合同标的。承包商在设计、采购、生产、试验、运输、土建、安装、验收、试生产、缺陷责任期维修等方面的主要责任，施工现场的管理，给业主的管理人员提供生活和工作条件等责任。

2）工作范围。它通常由合同中的工程量清单、图纸、工程说明、技术规范所定义。工程范围的界限应很清楚，否则会影响工程变更和索赔，特别对固定总价合同。

在合同实施中，如果工程师指令的工程变更属于合同规定的工程范围，则承包商必须无条件执行；如果工程变更超过承包商应承担的风险范围，则可向业主提出工程变更的补偿要求。

3）明确工程变更的规定。

①工程变更程序。在合同实施过程中，变更程序非常重要，通常要做工程变更工作流程图，并交付相关的职能人员。工程变更通常须由业主的工程师下达书面指令，出具书面证明，承包商开始执行变更，同时进行费用补偿谈判，在一定期限内达成补偿协议。这里要特别注意工程变更的实施，价格谈判和业主批准价格补偿三者之间在时间上的矛盾性。这里常常会有较大的风险。

②工程变更的补偿范围，通常以合同金额一定的百分比表示。例如某承包合同规定，工程变更在合同价的5%范围内为承包商的风险或机会。在这范围内，承包商无权要求任何补偿。通常这个百分比越大，承包商的风险越大。

有时有些特殊的规定应重点分析。例如有一承包合同规定，业主有权指令进行工程变更，业主对所指令的工程变更的补偿范围是，仅对重大的变更，且仅按单个建筑物和设施地坪以上体积变化量计算补偿费用。这实质上排除了工程变更索赔的可能。

③工程变更的索赔有效期，由合同具体规定，一般为28天，也有14天的。一般这个时间越短，对承包商管理水平的要求越高，对承包商越不利。这是索赔有效性的保证，应落实在具体工作中。

10.3.2 常见的建设工程索赔

1. 索赔成立的条件

（1）与合同对照，事件已造成了承包人工程项目成本的额外支出，或直接工期损失。

（2）造成费用增加或工期损失的原因，按合同约定不属于承包人的行为责任或风险责任。

（3）承包人按合同规定的程序提交索赔意向通知和索赔报告。

2.《建设工程项目管理规范》规定，施工项目索赔应具备下列理由之一：

（1）发包人违反合同给承包人造成时间、费用的损失。

（2）因工程变更（含设计变更、发包人提出的工程变更、监理工程师提出的工程变更，以及承包人提出并经监理工程师批准的变更）造成的时间、费用损失。

（3）由于监理工程师对合同文件的歧义解释、技术资料不确切，或由于不可抗力导致施工条件的改变，造成了时间、费用的增加。

（4）发包人提出提前完成项目或缩短工期而造成承包人的费用增加。

（5）发包人延误支付期限造成承包人的损失。

（6）合同规定以外的项目进行检验，且检验合格，或非承包人的原因导致项目缺陷的修复所发生的损失或费用。

（7）非承包人的原因导致工程暂时停工。

（8）物价上涨，法规变化及其他。

10.3.3　索赔的程序和方法

（1）提出索赔要求。当出现索赔事项时，承包人以书面的索赔通知书形式，在索赔事项发生后的 28 天以内，向工程师正式提出索赔意向通知。

（2）报送索赔资料。在索赔通知书发出后的 28 天内，向工程师提出延长工期和（或）补偿经济损失的索赔报告及有关资料。

（3）工程师答复。工程师在收到承包人送交的索赔报告的有关资料后，于 28 天内给予答复或要求承包人进一步补充索赔理由和证据。

（4）工程师逾期答复后果。工程师在收到承包人送交的索赔报告的有关资料后，28 天未予答复或未对承包人作进一步要求，视为该项索赔已经认可。

（5）持续索赔。当索赔事件持续进行时，承包人应当阶段性向工程师发出索赔意向，在索赔事件终了后 28 天内，向工程师送交索赔的有关资料和最终索赔报告，工程师应在 28 天内给予答复或要求承包人进一步补充索赔理由和证据。逾期未答复，视为该项索赔成立。

（6）仲裁与诉讼。工程师对索赔的答复，承包人或发包人不能接受，即进入仲裁或诉讼程序。

第11章　总承包项目质量管理

11.1　工程项目质量控制的概念和原理

11.1.1　质量的概念

GB/T 19000标准中，质量的定义是某个对象的一组固有特性满足要求的程度。质量还包括以下含义：

（1）质量的主体是产品、体系、项目或过程，质量的客体是顾客和其他相关方。

（2）质量的关注点是一组固有的特性，而不是赋予的特性。对产品来说，例如水泥的化学成分、细度、凝结时间、强度就是固有特性；对过程来说，固有特性是将输入转化为输出的能力；对质量管理体系来说，固有特性是实现质量方针和质量目标的能力。

（3）质量是满足要求的程度。要求包括明示的、隐含的和必须履行的要求和期望。明示的要求，是指法律、法规所规定的要求和在合同环境中，用户明确提出的需要或要求，通常是通过合同标准、规范、图纸、技术文件所做的明确规定；隐含是指组织、顾客和其他相关方的惯例或一般做法，有时则应随科学技术进步和人们消费观念的变化，对变化了的需求进行识别。

（4）质量的动态性。质量要求不是固定不变的，随着技术的发展，生活水平的提高，人们对产品、项目、过程或体系会提出新的质量要求。因此，应定期评定质量要求，修订规范，不断开发新产品、改进老产品，以满足已变化的质量要求。

（5）质量的相对性。不同国家不同地区的不同项目，由于自然环境条件不同，技术发达程度不同，消费水平不同和风俗习惯不同，会对产品提出不同的要求，产品应具有这种环境适应性。例如，销往欧洲地区的彩电要符合欧洲的电视制式、电压及电压波动范围。

对产品质量的要求，已从"满足标准规定"，发展到"让顾客满意"，到现在的"超越顾客的期望"的新阶段。

11.1.2　质量管理的概念

质量管理通常包括制定质量方针和质量目标、质量策划、质量控制、质量保证以及质量改进。

对质量管理的定义，还可以从以下几方面理解：

（1）质量管理的目标就是确保产品的质量能满足顾客、法律、法规等方面提出的质量要求。可通过定量或定性指标对质量进行描述和评价，如适用性、可靠性、安全性、经济性以及环境适宜性等。

（2）质量管理的范围涉及产品质量形成全过程的各个环节，任何一个环节的工作没有做好，会使产品质量受到损害而不能满足质量要求。

（3）质量管理的工作内容包括了作业技术和活动，也就是包括专业技术和管理技术两个方面。作业技术是直接产生产品或服务质量的条件，但并不是具备相关作业能力，都能产生合格的质量，还必须通过科学的管理，来组织和协调作业技术活动的过程，以充分发挥其质量形成能力，实现预期的质量目标。

（4）由于工程项目是根据业主的要求而兴建的，因此工程项目的质量总目标是根据业主建设意图提出来的，即通过项目的定义、建设规模、建设标准、使用功能的价值等提出来的。总承包项目质量控制，包括勘察设计、施工安装、竣工验收等阶段，均应围绕致力于满足业主要求的质量总目标而展开。

11.1.3　总承包项目质量形成的影响因素

质量管理体现了"预防为主"的观念，从以往管结果转变为现今管影响工作质量的人、机、料、法、环境因素等。

1. 人的质量意识和能力

人是质量活动的主体，在这里人是泛指与工程有关的单位、组织及个人，包括：建设单位、勘察设计单位、施工承包单位，监理及咨询服务单位，政府主管及工程质量监督、监测单位，工程项目建设的决策者、管理者、作业者等。

建筑业实行企业经营资质管理、市场准入制度、执业资格注册制度、持证上岗制度以及质量责任制度等。应按有关规定选择相应资质等级的勘察、设计、施工、监理等单位，并保证各类专业人员持证上岗。

人员的素质，即人的文化水平、技术水平、决策能力、管理能力、组织能力、作业能力、控制能力、身体素质及职业道德等，都将直接和间接地对规划、决策、勘察、设计和施工质量产生影响，而规划是否合理、决策是否正确、设计是否符合所需要的质量功能，施工能否满足合同、规范、技术标准的需要等，都将对工程项目质量产生不同程度的影响，所以人是影响工程项目质量的第一个重要因素。

人，作为控制的对象，是要避免产生失误；作为控制的动力，是要充分调动人的积极性，发挥人的主导作用。

2. 材料的控制

材料控制包括原材料、成品、半成品、构配件等的控制，主要是严格检查验收，正确合理地使用，建立管理台账，进行收、发、储、运等各环节的技术管理，避免混料和将不合格的原材料使用到工程上。

（1）材料质量控制的要点。

1）掌握材料信息，优选供货厂家。掌握材料质量、价格、供货能力的信息，选择好供货厂家，就可获得质量好、价格低的材料资源，从而确保工程质量，降低工程造价。这是企业获得良好社会效益、经济效益、提高市场竞争能力的重要因素。

材料订货时，要求厂方提供质量保证文件，用以表明提供的货物完全符合质量要求。质量保证文件的内容主要包括：供货总说明，产品合格证及技术说明书，质量检验证明，检测与试验者的资质证明，不合格品或质量问题处理的说明及证明，有关图纸及技术资料等。

对于材料、设备、构配件的订货、采购，其质量要满足有关标准和设计的要求；交货期应满足施工及安装进度计划的要求。对于大型的或重要设备，以及大宗材料的采购，应当实行招标采购的方式；对某些材料，如瓷砖等装饰材料，订货时最好一次订齐和备足货源，以免由于分批订货而出现颜色差异、质量不一。

2）合理组织材料供应，确保施工正常进行。合理、科学地组织材料的采购、加工、储备、运输，建立严密的计划、调度体系，加快材料的周转，减少材料的占用量，按质、按量、如期地满足建设需要，乃是提高供应效益、确保正常施工的关键环节。

3）合理地组织材料使用，减少材料的损失。正确按定额计量使用材料，加强运输、仓库、保管工作，加强材料限额管理和发放工作，健全现场材料管理制度，避免材料损失、变质，乃是确保材料质量、节约材料的重要措施。

4）加强材料检查验收，严把材料质量关。

①对用于工程的主要材料，进场时必须具备正式的出厂合格证的材质化验单。如不具备或对检验证明有怀疑时，应补做检验。

②工程中所有各种构件，必须具有厂家批号和出厂合格证。钢筋混凝土和预应力钢筋混凝土构件，均应按规定的方法进行抽样检验。由于运输、安装等原因出现的构件质量问题，应分析研究，经处理鉴定后方能使用。

③凡标志不清或认为质量有问题的材料；对质量保证资料有怀疑或与合同规定不符的一般材料；由于工程重要程度决定，应进行一定比例试验的材料；需要进行追踪检验，以控制和保证其质量的材料等，均应进行抽检。对于进口的材料设备和重要工程或关键施工部位所用的材料，则应进行全部检验。

④材料质量抽样和检验的方法，应符合有关的"建筑材料质量标准与管理规程"，要能反映该批材料的质量性能。对于重要构件或非匀质的材料，还应酌情增加采样的数量。

⑤在现场配制的材料，如混凝土、砂浆、防水材料、防腐材料、绝缘材料、保温材料等的配合比，应先提出试配要求，经试配检验合格后才能使用。

⑥对进口材料、设备应会同商检局检验，如核对凭证中发现问题，应取得供方和商检人员签署的商务记录，按期提出索赔。

⑦高压电缆、电压绝缘材料，要进行耐压试验。

5）要重视材料的使用认证，以防错用或使用不合格的材料。

①对主要装饰材料及建筑配件，应在订货前要求厂家提供样品或看样订货；主要设备订货时，要审核设备清单，是否符合设计要求。

②对材料性能、质量标准、适用范围和对施工要求必须充分了解，以便慎重选择和使用材料。如红色大理石或带色纹（红、暗红、金黄色纹）的大理石易风化剥落，不宜用作外装饰；外加剂木钙粉不宜用蒸汽养护；早强剂三乙醇胺不能用作抗冻剂；碎石或卵石中含有不定形二氧化硅时，将会使混凝土产生碱——骨料反应，使质量受到影响。

③凡是用于重要结构、部位的材料，使用时必须仔细地核对、认证，其材料的品种、规格、型号、性能有无错误，是否适合工程特点和满足设计要求。

④新材料应用，必须通过试验和鉴定；代用材料必须通过计算和充分的论证，并要符合结构构造的要求。

⑤材料认证不合格时，不许用于工程中；有些不合格的材料，如过期、受潮的水泥是否降级使用，也需结合工程的特点予以论证，但决不允许用于重要的工程或部位。

6）现场材料应按以下要求管理。

①入库材料要分型号、品种分区堆放，予以标识，分别编号。

②对易燃易爆的物资，要专门存放，有专人负责，并有严格的消防保护措施。

③对有防湿、防潮要求的材料，要有防湿、防潮措施，并要有标识。

④对有保质期的材料要定期检查，防止过期，并做好标识。

⑤对易损坏的材料、设备，要保护好外包装，防止损坏。

（2）材料质量控制的内容。材料质量控制的内容主要有材料的质量标准，材料的性能，材料取样、试验方法，材料的适用范围和施工要求等。

1）材料质量标准。材料质量标准是用以衡量材料质量的尺度，也是作为验收、检验材料质量的依据。不同的材料有不同的质量标准，如水泥的质量标准有细度、标准稠度用水量、凝结时间、强度、体积安定性等。掌握材料的质量标准，便于可靠地控制材料和工程的质量。如水泥颗粒越细，水化作用就越充分，强度就越高；初凝时间过短，不能满足施工有足够的操作时间，初凝时间过长，又影响施工进度；安定性不良，会引起水泥石开裂，造成质量事故；强度达不到等级要求，直接危害结构的安全。为此，对水泥的质量控制，就是要检验水泥是否符合质量标准。

2）材料质量的检（试）验。材料质量检验的目的，是通过一系列的检测手段，将所取得的材料数据与材料质量标准相比较，借以判断质量的可靠性，能否使用于工程中；同时，还有利于掌握材料信息。

材料质量检验方法有书面检验、外观检验、理化检验和无损检验四种。

根据材料信息和保证资料的具体情况，其质量检验程度分为免检、抽检和全部检查三种。

材料质量检验的取样必须有代表性，即所采取样品的质量应能代表该批材料的质量。

在采取试样时，必须按规定的部位、数量及采选的操作要求进行。

抽样检验一般适用于对原材料、半成品或成品的质量鉴定。通过抽样检验，可判断整批产品是否合格。

对不同的材料，有不同的检验项目和不同的检验标准，而检验标准则是用以判断材料是否合格的依据。

（3）材料的选择和使用要求。材料的选择和使用不当，均会严重影响工程质量或造成质量事故。为此，必须针对工程特点，根据材料的性能、质量标准、适用范围和对施工要求等方面综合考虑，慎重地来选择和使用材料。

3. 机械设备的控制

施工机械设备是实现施工机械化的重要物质基础，是现代化施工中必不可少的设备，对施工项目的进度、质量均有直接影响。为此，施工机械设备的选用，必须综合考虑施工现场的条件、建筑结构类型、机械设备性能、施工工艺和方法、施工组织与管理、建筑技术经济等各种因素进行多方案比较，使之合理装备、配套使用、有机联系，以充分发挥机械设备的效能，力求获得较好的综合经济效益。

机械设备的选用，应着重从机械设备的选型、机械设备的主要性能参数和机械设备的使用操作要求三方面予以控制。

要健全"人机固定"制度、"操作证"制度、岗位责任制度、交接班制度、"技术保养"制度、"安全使用"制度、机械设备检查制度等，确保机械设备处于最佳使用状态。

另一类设备是生产设备，主要是控制设备的购置、设备的检查验收、设备的安装质量和设备的试车运转。

4. 工艺方法控制

这里所指的工艺方法控制，包含工程项目建设期内所采取的技术方案、工艺流程、组织措施、检测手段、施工组织设计等的控制。

尤其是施工方案正确与否，是直接影响施工项目的进度控制、质量控制、投资控制三大目标能否顺利实现的关键。往往由于施工方案考虑不周而拖延进度，影响质量，增加投资。

为此，在制定和审核施工方案时，必须结合工程实际，从技术、组织、管理、工艺、操作、经济等方面全面分析、综合考虑，力求方案技术可行、经济合理、工艺先进、措施得力、操作方便，有利于提高质量、加快进度、降低成本。

5. 环境控制

影响施工项目质量的环境因素较多，有工程技术环境，如工程地质、水文、气象等；工程管理环境，如质量保证体系、质量管理制度等；劳动环境，如劳动组合、作业场所、工作面等。

环境因素对质量的影响，具有复杂而多变的特点，如气象条件就变化万千，温度、湿度、大风、暴雨、酷暑、严寒都直接影响工程质量。又如前一工序往往就是后一工序的环境，前一分项、分部工程也就是后一分项、分部工程的环境。因此，根据工程特点和具体条件，应对影响质量的环境因素，采取有效的措施严加控制。尤其是施工现场，应建立文明施工和文明生产的环境，保持材料工件堆放有序、道路畅通、工作场所清洁整齐、施工程序井井有条，为确保质量、安全创造良好条件。

11.2 总承包项目质量工作界面控制

（1）工程总承包项目质量管理的重要过程是质量控制，这种控制是贯穿设计、采购、施工、试运行全过程的。质量控制是质量管理的一部分。质量控制是一个动态的过程，应采取适度可靠的方法实施。总承包项目实施过程的输入、过程中的控制点以及输出是质量控制的关键环节。项目部应对质量计划的实施进行动态管理，控制过程的输入、过程中的控制点以及输出，确保项目的质量控制充分和适宜。

（2）总承包项目的工作界面形成了各个不同的接口，接口环节的质量直接决定了总承包项目质量的结果。因此，对设计、采购、施工、试运行等不同阶段的工作界面实施管理，集成相关管理因素和方法的叠加作用，是实施一体化质量缺陷的预防，以保证总承包项目质量目标的基本条件。

（3）设计与采购工作界面是总承包项目的重要接口环节，设计与采购活动之间的互动质量决定了设计成果的质量。设计与采购工作界面的质量控制重点：

1）采购文件和询价方法。

2）报价的技术评审和供货厂商图纸的审查、确认。

（4）设计与施工工作界面是总承包项目交叉实施方式的重要接口环节。合理、科学的交叉管理对于提升总承包项目质量效益和效率的作用明显。设计与施工工作界面的质量控制重点：

1）设计的可施工性分析和设计、施工的合理交叉。

2）设计交底或图纸会审的组织与成效。

3）设计问题的处理和设计变更对施工质量的影响。

（5）设计与试运行工作界面是总承包项目成功收尾的关键环节，设计满足试运行要求的程度影响了试运行的成果水平。设计与试运行工作界面的质量控制重点：

1）设计及其试运行方案满足试运行的程度。

2）设计对试运行的指导与服务的适宜性。

（6）采购与施工工作界面是总承包项目施工质量的重要接口环节。采购与施工之间的合理衔接对于保证施工质量具有明显的实际意义。采购与施工工作界面的质量控制重点：进场材料验收结果和设备开箱检验的组织成效。

（7）采购与试运行工作界面是总承包管理的关键环节，采购符合试运行的要求对于总承包项目质量的影响比较明显。采购与试运行工作界面的质量控制重点：设备材料有关质量问题的处理对试运行结果的影响。

（8）施工与试运行工作界面是总承包管理的重要接口环节，施工质量往往影响着试运行的质量和风险程度，两者的合理衔接管理十分重要。施工与试运行工作界面的质量控制重点：各种设备的试运转及缺陷修复的质量。

（9）质量计划的实施效果应及时进行检查、考核、评价，发现问题或采取改进措施后游泳验证实施效果并形成记录。质量记录包括为实现总承包项目质量目标提供证据所需的必要记录。项目质量管理人员负责检查、考核、评价项目质量计划实施情况，验证实施效果并形成记录。

（10）总承包项目的质量记录对于追溯质量过程、提供质量证据是十分重要的。可追溯性是确保质量记录有效性的关键特性，必须切实管理到位。质量记录应符合相关规定的要求包括：项目所在国的法律法规，项目发包方、相关方的要求，企业的规定等。同时项目的质量记录的形成应该与进度同步，以避免因不同步导致质量记录的相关风险。

项目部应建立总承包项目的质量记录，对项目实施过程中形成的质量记录进行标识、收集、保存、归档。质量记录应具有可追溯性，并符合相关规定的要求。质量记录可包括：

1）设计、采购、施工、试运行的专项记录。

2）各种交底记录。

3）职业培训和岗位资格证明。

4）设计、采购、施工、试运行需要的设备和检验、测量及试验仪器的管理记录。

5）设计输入和输出、图纸的接收和发放、设计变更的有关记录。

6）监督、检查、验收和不合格整改、复查记录。

7）质量管理相关文件和资料。

8）工程总承包项目质量管理策划结果中规定的其他记录。

（11）分包项目质量管理直接影响着总承包项目的质量，将分包项目质量纳入总承包项目质量控制范围，包括对分包方的质量策划、质量控制、质量改进等方面实施指导、监督和控制，实施相关分包的设计、技术交底，审批分包的质量计划，控制其主要的质量偏差。

项目部应将分包项目质量纳入总承包项目质量控制范围，并依据分包合同及时进行质量的监督管理。

（12）明确工程交付后服务的管理和实施部门是工程总承包企业的重要质量管理内容，其中"获取并响应业主意见"是要求在第一时间内及时获得工程运行的质量信息，答复并实现顾客的服务要求，让顾客（业主）满意。工程总承包企业应明确售后服务的管理和实施部门，获取并响应业主意见，及时获得工程运行信息，确保回访保修的服务质量。

11.3　项目质量控制和验收管理

11.3.1　施工质量控制过程

工程总承包施工质量控制的过程，包括施工准备质量控制、施工过程质量控制和施工验收质量控制。

施工准备阶段的质量控制是指项目正式施工活动开始前，对各项准备工作及影响质量的各因素和有关方面进行的质量控制。

施工准备是为保证施工生产正常进行而必须事先做好的工作。施工准备工作不仅是在工程开工前要做好，而且贯穿于整个施工过程。施工准备的基本任务就是为施工项目建立一切必要的施工条件，确保施工生产顺利进行，确保工程质量符合要求。

1. 技术资料、文件准备的质量控制

（1）施工项目所在地的自然条件及技术经济条件调查资料。对施工项目所在地的自然条件和技术经济条件的调查，是为选择施工技术与组织方案收集基础资料，并以此作为施工准备工作的依据。具体收集的资料包括：地形与环境条件、地质条件、地震级别、工程水文地质情况，气象条件以及当地水、电、能源供应条件、交通运输条件、材料供应条件等。

（2）施工组织设计。施工组织设计是指导施工准备和组织施工的全面性技术经济文件。对施工组织设计要进行两方面的控制：一是选定施工方案后，制定施工进度时，必须考虑施工顺序、施工流向，主要分部分项工程的施工方法，特殊项目的施工方法和技术措施能否保证工程质量；二是制订施工方案时，必须进行技术经济比较，使工程项目满足符合性、有效性和可靠性要求，取得施工工期短、成本低、安全生产、效益好的经济质量。

（3）国家及政府有关部门颁布的有关质量管理方面的法律、法规性文件及质量验收标准。质量管理方面的法律、法规，规定了工程建设参与各方的质量责任和义务，质量管理体系建立的要求、标准，质量问题处理的要求、质量验收标准等，这些是进行质量控制的重要依据。

（4）工程测量控制资料。施工现场的原始基准点、基准线、参考标高及施工控制网等数据资料，是施工之前进行质量控制的一项基础工作，这些数据资料是进行工程测量控制的重要内容。

2. 设计交底和图纸审核的质量控制

设计图纸是进行质量控制的重要依据。为使施工单位熟悉有关的设计图纸，充分了解拟建项目的特点、设计意图和工艺与质量要求，减少图纸的差错，消灭图纸中的质量隐患，要做好设计交底和图纸审核工作。

（1）设计交底。工程施工前，由设计单位向施工单位有关人员进行设计交底，其主要内容包括：

1）地形、地貌、水文气象、工程地质及水文地质等自然条件。

2）施工图设计依据：初步设计文件，规划、环境等要求，设计规范。

3）设计意图：设计思想、设计方案比较、基础处理方案、结构设计意图、设备安装和调试要求、施工进度安排等。

4）施工注意事项：对基础处理的要求，对建筑材料的要求，采用新结构、新工艺的要求，施工组织和技术保证措施等。交底后，由施工单位提出图纸中的问题和疑点，以及要解决的技术难题。经协商研究，拟定出解决办法。

（2）图纸审核。图纸审核是设计单位和施工单位进行质量控制的重要手段，也是使施工单位通过审查熟悉设计图纸，了解设计意图和关键部位的工程质量要求，发现和减少设计差错，保证工程质量的重要方法。图纸审核的主要内容包括：

1）对设计者的资质进行认定。

2）设计是否满足抗震、防火、环境卫生等要求。

3）图纸与说明是否齐全。

4）图纸中有无遗漏、差错或相互矛盾之处，图纸表示方法是否清楚并符合标准要求。

5）地质及水文地质等资料是否充分、可靠。

6）所需材料来源有无保证，能否替代。

7）施工工艺、方法是否合理，是否切合实际，是否便于施工，能否保证质量要求。

8）施工图及说明书中涉及的各种标准、图册、规范、规程等，施工单位是否具备。

3. 采购质量控制

采购质量控制主要包括对采购产品及其供方的控制，制订采购要求和验证采购产品。

建设项目中的工程分包，也应符合规定的采购要求。

（1）物资采购。采购物资应符合设计文件、标准、规范、相关法规及承包合同要求，如果项目部另有附加的质量要求，也应予以满足。

对于重要物资、大批量物资、新型材料以及对工程最终质量有重要影响的物资，可由企业主管部门对可供选用的供方进行逐个评价，并确定合格供方名单。

（2）分包服务。对各种分包服务选用的控制应根据其规模、对它控制的复杂程度区别对待。一般通过分包合同，对分包服务进行动态控制。评价及选择分包方应考虑的原则：

1）有合法的资质，外地单位经本地主管部门核准。

2）与本组织或其他组织合作的业绩、信誉。

3）分包方质量管理体系对按要求如期提供稳定质量的产品的保证能力。

4）对采购物资的样品、说明书或检验、试验结果进行评定。

（3）采购要求。采购要求是采购产品控制的重要内容。采购要求的形式可以是合同、订单、技术协议、询价单及采购计划等。采购要求包括：

1）有关产品的质量要求或外包服务要求。

2）有关产品提供的程序性要求如：

①供方提交产品的程序。

②供方生产或服务提供的过程要求。

③供方设备方面的要求。

3）对供方人员资格的要求。

4）对供方质量管理体系的要求。

（4）采购产品验证。

1）对采购产品的验证有多种方式，如在供方现场检验、进货检验，查验供方提供的合格证据等。组织应根据不同产品或服务的验证要求规定验证的主管部门及验证方式，并严格执行。

2）当组织或其顾客拟在供方现场实施验证时，组织应在采购要求中事先作出规定。

4．质量教育与培训

通过教育培训和其他措施提高员工的能力，增强质量和顾客意识，使员工满足所从事的质量工作对能力的要求。

项目领导班子应着重以下几方面的培训：

（1）质量意识教育。

（2）充分理解和掌握质量方针和目标。

（3）质量管理体系有关方面的内容。

（4）质量保持和持续改进意识。

可以通过面试、笔试、实际操作等方式检查培训的有效性。还应保留员工的教育、培训及技能认可的记录。

11.3.2　工程变更控制

（1）工程变更的含义。工程项目任何形式上的、质量上的、数量上的变动，都称为工程变更，它既包括了工程具体项目的某种形式上的、质量上的、数量上的改动，也包括了合同文件内容的某种改动。

（2）工程变更的范围。

①设计变更：设计变更的主要原因是投资者对投资规模的压缩或扩大，而需重新设计；设计变更的另一个原因是对已交付的设计图纸提出新的设计要求，需要对原设计进行修改。

②工程量的变动：对于工程量清单中的数量上的增加或减少。

③施工时间的变更：对已批准的承包商施工计划中安排的施工时间或完成时间的变动。

④施工合同文件变更。

⑤施工图的变更。

⑥承包方提出修改设计的合理化建议，其节约价值的分配。

⑦由于不可抗力或双方事先未能预料而无法防止的事件发生，允许进行合同变更。

（3）工程变更控制。工程变更可能导致项目工期、成本或质量的改变。因此，必须对工程变更进行严格的管理和控制。

在工程变更控制中，主要应考虑以下几个方面：

①管理和控制那些能够引起工程变更的因素和条件。

②分析和确认各方面提出的工程变更要求的合理性和可行性。

③当工程变更发生时，应对其进行管理和控制。

④分析工程变更而引起的风险。

工程变更应按图 11-1 的程序进行。

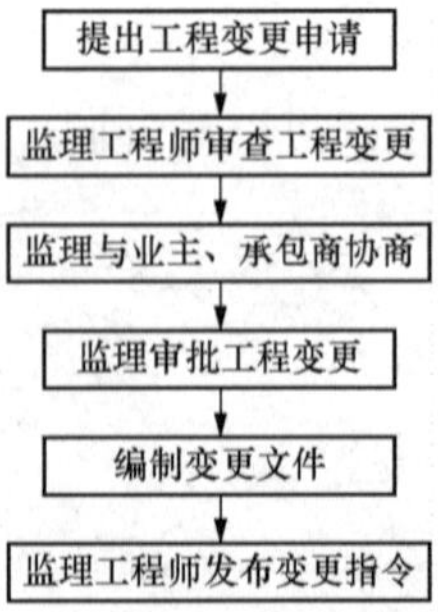

```
提出工程变更申请
    ↓
监理工程师审查工程变更
    ↓
监理与业主、承包商协商
    ↓
监理审批工程变更
    ↓
编制变更文件
    ↓
监理工程师发布变更指令
```

图 11-1　工程变更程序

11.3.3　竣工验收阶段的质量控制

根据《建筑工程施工质量验收统一标准》（GB 50300—2015），建筑工程施工质量应按下列要求进行验收：

（1）建筑工程施工质量应符合本标准和相关专业验收规范的规定。

（2）建筑工程施工应符合工程勘察、设计文件的要求。

（3）参加工程施工质量验收的各方人员应具备规定的资格。

（4）工程质量的验收均应在施工单位自行检查评定的基础上进行。

（5）隐蔽工程在隐蔽前应由施工单位通知有关单位进行验收，并应形成验收文件。

（6）涉及结构安全的试块、试件以及有关材料，应按规定进行见证取样检测。

（7）检验批的质量应按主控项目和一般项目验收。

（8）对涉及结构安全和使用功能的重要分部工程应进行抽样检测。

（9）承担见证取样检测及有关结构安全检测的单位应具有相应资质。

（10）工程的观感质量应由验收人员通过现场检查，并应共同确认。

该标准对建筑工程质量验收划分为检验批、子分部和子单位。检验批可根据施工及质量控制和专业验收需要按楼层、施工段、变形缝等进行划分；当分部工程较大或较复杂时，可按材料种类、施工特点、施工程序、专业系统及类别等划分为若干子分部工程；建筑规模较大的单位工程，可将其能形成独立使用功能的部分作为一个子单位工程。

（1）最终质量检验和试验。单位工程质量验收也称质量竣工验收，是建筑工程投入使用前的最后一次验收，也是最重要的一次验收。验收合格的条件有五个：构成单位工程的各分部工程应合格，并且有关的资料文件应完整以外，还须进行以下三方面的检查。

涉及安全和使用功能的分部工程应进行检验资料的复查。不仅要全面检查其完整性（不得有漏检缺项），而且对分部工程验收时补充进行的见证抽样检验报告也要复核。这种强化验收的手段体现了对安全和主要使用功能的重视。

此外，对主要使用功能还须进行抽查。使用功能的检查是对建筑工程和设备安装工程最终质量的综合检验，也是用户最关心的内容。因此，在分项、分部工程验收合格的基础上，竣工验收时再作全面检查。抽查项目是在检查资料文件的基础上由参加验收的各方人员商量，并用计量、计数的抽样方法确定检查部位。检查要求按有关专业工程施工质量验收标准的要求进行。

最后，还须由参加验收的各方人员共同进行观感质量检查。观感质量验收，往往难以定量，只能以观察、触摸或简单量测的方式进行，并由个人的主观印象判断，检查结果并不给出"合格"或"不合格"的结论，而是综合给出质量评价，最终确定是否通过验收。

单位工程技术负责人应按编制竣工资料的要求收集和整理原材料、构件、零配件和设备的质量合格证明材料、验收材料，各种材料的试验检验资料，隐蔽工程、分项工程和竣工工程验收记录，其他的施工记录等。

（2）技术资料的整理。技术资料，特别是永久性技术资料，是施工项目进行竣工验收的主要依据，也是项目施工情况的重要记录。因此，技术资料的整理要符合有关规定及规范的要求，必须做到准确、齐全，能够满足建设工程进行维修、改造、扩建时的需要，其主要内容有：

1）工程项目开工报告。

2）工程项目竣工报告。

3）图纸会审和设计交底记录。

4）设计变更通知单。

5）技术变更核定单。

6）工程质量事故发生后调查和处理资料。

7）水准点位置、定位测量记录、沉降及位移观测记录。

8）材料、设备、构件的质量合格证明资料。

9）试验、检验报告。

10）隐蔽工程验收记录及施工日志。

11）竣工图。

12）质量验收评定资料。

13）工程竣工验收资料。

监理工程师应对上述技术资料进行审查，并请建设单位及有关人员，对技术资料进行检查验证。

（3）施工质量缺陷的处理。我国国家标准 GB/T 19000 中"缺陷"的含义是："未满足与预期或规定用途有关的要求"。要注意区别"缺陷"和"不合格"两个术语的含义。不合格是指未满足要求，该"要求"是指"明示的、习惯上隐含的或必须履行的需求或期望"，是一个包含多方面内容的"要求"。当然，也应包括"与期望或规定的用途有关的要求"。而"缺陷"是指未满足其中特定的（与预期或规定用途有关的）要求，例如，安全性有关的要求。它是一种特定范围内的"不合格"，因涉及产品责任称之为"缺陷"。

对于工程质量缺陷可采用的处理方案：

1）修补处理。当工程的某些部分的质量虽未达到规定的规范、标准或设计要求，存在一定的缺陷，但经过修补后还可达到要求的标准，又不影响使用功能或外观要求的，可以做出进行修补处理的决定。例如，某些混凝土结构表面出现蜂窝、麻面，经调查、分析，该部位经修补处理后，不影响其使用及外观要求。

2）返工处理。当工程质量未达到规定的标准或要求，有明显的严重质量问题，对结构的使用和安全有重大影响，而又无法通过修补办法给予纠正时，可以做出返工处理的决定。例如，某工程预应力按混凝土规定张力系数为 1.3，但实际仅为 0.9，属于严重的质量缺陷，也无法修补，只能做出返工处理的决定。

3）限制使用。当工程质量缺陷按修补方式处理无法保证达到规定的使用要求和安全，而又无法返工处理的情况下，不得已时可以做出结构卸荷、减荷以及限制使用的决定。

4）不做处理。某些工程质量缺陷虽不符合规定的要求或标准，但其情况不严重，经过分析、论证和慎重考虑后，可以做出不做处理的决定。可以不做处理的情况有：不影响结构安全和使用要求；经过后续工序可以弥补的不严重的质量缺陷；经复核验算，仍能满足设计要求的质量缺陷。

（4）工程竣工文件的编制和移交准备。

1）项目可行性研究报告，项目立项批准书，土地规划批准文件，设计任务书，初步（或扩大初步）设计，工程概算等。

2）竣工资料整理，绘制竣工图，编制竣工决算。

3）竣工验收报告，建设项目总说明，技术档案建立情况，建设情况，效益情况，存在和遗留问题等。

4）竣工验收报告书的主要附件：竣工项目概况一览表，已完单位工程一览表，已完设备一览表，应完未完设备一览表，竣工项目财务决算综合表，概算调整与执行情况一览表，交付使用（生产）单位财产总表及交付使用（生产）财产一览表，单位工程质量汇总项目（工程）总体质量评价表。

工程项目交接是在工程质量验收之后，由承包单位向业主进行移交项目所有权的过程。工程项目移交前，施工单位要编制竣工结算书，还应将成套工程技术资料进行分类整理，编目建档。

（5）产品防护。竣工验收期要定人定岗，采取有效防护措施，保护已完工程，发生丢失、损坏时应及时补救。设备、设施未经允许不得擅自启用，防止设备失灵或设施不符合使用要求。

（6）撤场计划。工程交工后，项目经理部编制的撤场计划的内容应包括：施工机具、暂设工程、建筑残土、剩余构件在规定时间内全部拆除运走，达到场清地平；有绿化要求的，达到树活草青。

11.4　工程质量问题

施工项目由于具有产品固定，生产流动；产品多样，结构类型不一；露天作业多，自然条件（地质、水文、气象、地形等）多变；材料品种、规格不同，材性各异，交叉施工，现场配合复杂；工艺要求不同，技术标准不一等特点，因此，对质量影响的因素繁多，在施工过程中稍有疏忽，就极易引起系统性因素的质量变异，而产生质量问题或严重的工程质量事故。为此，必须采取有效措施，对常见的质量问题事先加以预防；对出现的质量事故应及时进行分析和处理。

11.4.1　工程质量问题的特点

工程质量问题具有复杂性、严重性、可变性和多发性的特点。

（1）复杂性。工程质量问题的复杂性，主要表现在引发质量问题的因素复杂，从而增加了对质量问题的性质、危害的分析、判断和处理的复杂性。例如，建筑物的倒塌，可能是未认真进行地质勘察，地基的容许承载力与持力层不符；也可能是未处理好不均匀地基，产生过大的不均匀沉降；或是盲目套用图纸，结构方案不正确，计算简图与实际受力不符；或是荷载取值过小，内力分析有误，结构的刚度、强度和稳定性差；或是施工偷工减料、不按图施工、施工质量低劣；建筑材料及制品不合格，擅自代用材料等原因所造成。由此可见，即使同一性质的质量问题，原因有时截然不同。所以，在处理质量问题时，必须深入地进行调查研究，针其质量问题的特征作具体分析。

（2）严重性。工程质量问题，轻者影响施工顺利进行，拖延工期，增加工期费用；重者，给工程留下隐患，成为危房，影响安全使用或不能使用；更严重的是引起建筑物倒塌，造成人民生命财产的巨大损失。

（3）可变性。许多工程质量问题，还将随着时间不断发展变化。例如，钢筋混凝土结构出现的裂缝将随着环境湿度、温度的变化而变化，或随着荷载的大小和持荷时间而变化；建筑物的倾斜，将随着附加弯矩的增加和地基的沉降而变化；混合结构墙体的裂缝也会随着温度应力和地基的沉降量而变化；甚至有的细微裂缝，也可以发展成构件断裂或结构物倒塌等重大事故。所以，在分析、处理工程质量问题时，一定要特别重视质量事故的可变性，应及时采取可靠的措施，以免事故进一步恶化。

（4）多发性。工程中有些质量问题，就像"常见病""多发病"一样经常发生，而成为质量通病，如屋面、卫生间漏水；抹灰层开裂、脱落；地面起砂、空鼓；排水管道堵塞；预制构件裂缝等。另有一些同类型的质量问题，往往一再重复发生，如雨篷的倾覆，悬挑梁、板的断裂，混凝土强度不足等。因此，吸取多发性事故的教训，认真总结经验，是避免事故重演的有效措施。

11.4.2　工程质量事故的分类

工程的质量事故一般可按下述不同的方法分类：

（1）按事故的性质及严重程度划分。

1）一般事故。通常是指经济损失在 5000～10 万元额度内的质量事故。

2）重大事故。凡是有下列情况之一者，可列为重大事故。

①建筑物、构筑物或其他主要结构倒塌者为重大事故。

②超过规范规定或设计要求的基础严重不均匀沉降、建筑物倾斜、结构开裂或主体结构强度严重不足，影响结构物的寿命，造成不可补救的永久性质量缺陷或事故。

③影响建筑设备及其相应系统的使用功能，造成永久性质：匿缺陷者。

④经济损失在 10 万元以上者。

（2）按事故造成的后果区分。

1）未遂事故。发现了质量问题，经及时采取措施，未造成经济损失、延误工期或其他不良后果者，均属未遂事故。

2）已遂事故。凡出现不符合质量标准或设计要求，造成经济损失、工期延误或其他不良后果者，均构成已遂事故。

（3）按事故责任区分。

1）指导责任事故。指由于在工程实施指导或领导失误而造成的质量事故。例如，由于赶工追进度，放松或不按质量标准进行控制和检验，施工时降低质量标准等。

2）操作责任事故。指在施工过程中，由于实施操作者不按规程或标准实施操作，而造成的质量事故。例如，浇筑混凝土时随意加水；混凝土拌合料产生了离析现象仍浇筑入模；压实土方含水量及压实遍数未按要求控制操作等。

（4）按质量事故产生的原因区分。

1）技术原因引发的质量事故。是指在工程项目实施中由于设计、施工在技术上的失误而造成的质量事故。例如，结构设计计算错误；地质情况估计错误；盲目采用技术上不成熟、实际应用中未得到充分的实践检验证实其可靠的新技术；采用了不适宜的施工方法或工艺等。

2）管理原因引发的质量事故。主要是指由于管理上的不完善或失误而引发的质量事故。例如，施工单位或监理单位的质量体系不完善；检验制度不严密；质量控制不严格；质量管理措施落实不力；检测仪器设备管理不善而失准，进料检验不严等原因引起质量问题。

3）社会、经济原因引发的质量事故。主要是指由于社会、经济因素及社会上存在的弊端和不正之风引起建设中的错误行为，而导致出现质量事故。例如，某些企业盲目追求利润而置工程质量于不顾，在建筑市场上杀价投标，中标后则依靠违法手段或修改方案追加工程款，或偷工减料，或层层转包，凡此种种，这些因素常常是出现重大工程质量事故的主要原因，应当给以充分的重视。因此，进行质量控制，不但要在技术方面、管理方面入手，严格把住质量关，而且还要从思想作风方面入手，严格把住质量关，这是更为艰巨的任务。

11.4.3　工程质量问题的原因

（1）违背建设程序。如不经可行性论证，不作调查分析就拍板定案；没有搞清工程地质、水文地质就仓促开工；无证设计，无图施工；任意修改设计，不按图纸施工；工程竣工不进行试车运转、不经验收就交付使用等蛮干现象，致使不少工程项目留有严重隐患，房屋倒塌事故也常有发生。

（2）工程地质勘察原因。未认真进行地质勘察，提供地质资料、数据有误；地质勘察时，钻孔间距太大，不能全面反映地基的实际情况，如当基岩地面起伏变化较大时，软土层厚薄相差也很大；地质勘察钻孔深度不够，没有查清地下软土层、滑坡、墓穴、孔洞等地层构造；地质勘察报告不详细、不准确等，均会导致采用错误的基础方案，造成地基不均匀沉降、失稳，使上部结构及墙体开裂、破坏、倒塌。

（3）未加固处理好地基。对软弱土、冲填土、杂填土、湿陷性黄土、膨胀土、岩层出露、熔岩、土洞等不均匀地基未进行加固处理或处理不当，均是导致重大质量问题的原因。必须根据不同地基的工程特性，按照地基处理应与上部结构相结合，使其共同工作的原则，从地基处理、设计措施、结构措施、防水措施、施工措施等方面综合考虑治理。

（4）设计计算问题。设计考虑不周，结构构造不合理，计算简图不正确，计算荷载取值过小，内力分析有误，沉降缝及伸缩缝设置不当，悬挑结构未进行抗倾覆验算等，都是诱发质量问题的隐患。

（5）建筑材料及制品不合格。诸如：钢筋物理力学性能不符合标准，水泥受潮、过期、结块、安定性不良，砂石级配不合理、有害物含量过多，混凝土配合比不准，外加剂性能、掺量不符合要求时，均会影响混凝土强度、和易性、密实性、抗渗性，导致混凝土结构强度不足，出现裂缝、渗漏、蜂窝、露筋等质量问题；预制构件断面尺寸不准，支承锚固长度不足，未可靠建立预应力值，钢筋漏放、错位，板面开裂等，必然会出现断裂、垮塌。

（6）施工和管理问题。

1）不熟悉图纸，盲目施工，图纸未经会审，仓促施工；未经监理、设计部门同意，擅自修改设计。

2）不按图施工。把铰接做成刚接，把简支梁做成连续梁，抗裂结构用光圆钢筋代替带肋钢筋等，致使结构裂缝破坏；挡土墙不按图设滤水层，留排水孔，致使土压力增大，造成挡土墙倾覆。

3）不按有关施工验收规范施工。如现浇混凝土结构不按规定的位置和方法任意留设施工缝；不按规定的强度拆除模板；砌体不按组砌形式砌筑，留直槎不加拉结条，在小于 1m 宽的窗间墙上留设脚手眼等。

4）不按有关操作规程施工。如用插入式振捣器捣实混凝土时，不按插点均布、快插慢拔、上下抽动、层层扣搭的操作方法，致使混凝土振捣不实，整体性差；又如，砖砌体包心砌筑、上下通缝、灰浆不均匀饱满、游丁走缝、不横平竖直等，都是导致砖墙、砖柱破坏、倒塌的主要原因。

5）缺乏基本结构知识，施工蛮干。如将钢筋混凝土预制梁倒放安装；将悬臂梁的受拉钢筋放在受压区；结构构件吊点选择不合理，不了解结构使用受力和吊装受力的状态；施工中在楼面超载堆放构件和材料等，均将给质量和安全造成严重的后果。

6）施工管理紊乱，施工方案考虑不周，施工顺序错误。技术组织措施不当，技术交底不清，违章作业。不重视质量检查和验收工作等，都是导致质量问题的祸根。

（7）自然条件影响。施工项目周期长、露天作业多，受自然条件影响大，温度、湿度、日照、雷电、供水、大风、暴雨等都能造成重大的质量事故，施工中应特别重视，采取有效措施予以预防。

（8）建筑结构使用问题。建筑物使用不当，也易造成质量问题。如不经校核、验算，就在原有建筑物上任意加层；使用荷载超过原设计的容许荷载；任意开槽、打洞、削弱承重结构的截面等。

11.4.4 工程质量问题分析处理的目的及程序

（1）工程质量问题分析、处理的目的。工程质量问题分析、处理的主要目的是：

1）正确分析和妥善处理所发生的质量问题，以创造正常的施工条件。

2）保证建筑物、构筑物的安全使用，减少事故的损失。

3）总结经验教训，预防事故重复发生。

4）了解结构实际工作状态，为正确选择结构计算简图、构造设计，修订规范、规程和有关技术措施提供依据。

（2）工程质量问题分析处理的程序。工程质量问题分析、处理的程序，一般可按图 11-2 所示进行。

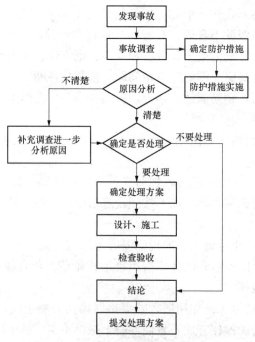

图 11-2 质量问题分析、处理程序框图

事故发生后，应及时组织调查处理。调查的主要目的，是要确定事故的范围、性质、影响和原因等，通过调查为事故的分析与处理提供依据，一定要力求全面、准确、客观。调查结果，要整理撰写成事故调查报告，其内容包括：①工程概况，重点介绍事故有关部分的工程情况；②事故情况，事故发生时间、性质、现状及发展变化的情况；③是否需要采取临时应急防护措施；④事故调查中的数据、资料；⑤事故原因的初步判断；⑥事故涉及人员与主要责任者的情况等。

事故的原因分析，要建立在事故情况调查的基础上，避免情况不明就主观分析推断事故的原因。尤其是有些事故，其原因错综复杂，往往涉及勘察、设计、施工、材质、使用管理等几方面，只有对调查提供的数据、资料进行详细分析后，才能去伪存真，找到造成事故的主要原因。

第 12 章　总承包项目职业健康、安全与环境管理

12.1　工程总承包项目职业健康、安全与环境管理概述

职业健康安全管理的目的是在生产活动中，通过安全生产的管理活动，并通过对生产因素的具体的状态控制，使生产因素的不安全的行为和状态减少或消除，并不引发事件，尤其是不引发使人受到伤害的事故，以保护生产活动中人的安全和健康。

环境管理的目的是在生产活动中，通过对环境因素的管理活动，使环境不受到污染，使资源得到节约。

工程职业健康安全和环境管理有其独特的特点。工程是通过有组织的施工生产活动，在特定的空间，进行人、财、物的动态组合，完成一个唯一的建筑产品。工程的特性包括产品的唯一性、生产周期长、涉及的范围广、劳动人员众多而密集、以及产品是固定的而生产人员却是流动的。这些特性使得工程的职业健康安全和环境保护的任务更为艰巨。

我国对于职业健康安全和环境保护是十分重视的，安全生产长期以来都是我国的一项基本国策，我国的安全生产包括了职业健康的内容。我国的安全生产方针是"安全第一，预防为主"。同时，提出了"企业负责、行业管理、国家监察、群众监督"的管理体制。还提出了三个同时的原则，"三个同时"是指安全生产与经济建设、企业深化改革、技术改革要同步策划、同步发展、同步实施。对于事故的处理提出了"四不放过"的原则，"四不放过"是指在因工伤亡事故处理中，必须坚持"事故原因分析不清不放过，员工和事故责任者受不到教育不放过，事故隐患不整改不放过，事故责任人不处理不放过的原则"。

我国对于环境保护也是十分重视的。早在 1987 年就颁布了《中华人民共和国大气法治防治法》，以后陆续颁布的有《中华人民共和国环境保护法》《中华人民共和国固体废物污染环境防治法》《中华人民共和国环境噪声污染防治法》《中华人民共和国水污染防治法》以及有关的条例、办法和标准。国家规定的方针、法律和标准极大地推动了职业健康安全管理工作和环境管理工作的开展。但尽管如此，目前职业健康安全管理工作和环境管理工作上仍然存在着不少需要改进的地方。

工程总承包项目的职业健康、安全与环境管理包括项目设计、采购、施工及试运行的全过程。施工阶段是职业健康、安全与环境管理的重中之重。

12.2　工程职业健康安全管理体系

1. 职业健康安全管理体系的背景

职业健康安全标准的制定是出于两方面的要求：一方面是随着现代社会中生产的急速发展，产品更新周期的缩短，竞争日益加剧，有的企业领导迫于生产的压力和资源的紧张，有意或无意地存在着对劳动者的劳动条件和环境状况改善的忽视，因此，劳动者的条件相对下降。据国际劳工组织（ILO）统计，全世界每年发生各类生产伤亡事故约为 2.5 亿起，平均

每天 8.5 万起。国际社会呼吁：不能以牺牲劳动者的职业健康安全利益为代价去取得经济的发展。在此同时，这些企业也发现了劳动者的伤亡将会给企业和国家带来麻烦，有时甚至是非常严重的。因此，劳动者的安全问题重又提上了工作日程，很多企业制定了安全标准，很多国家也制定各自的国家标准，逐渐发展成为寻求一个系统的、结构化的职业健康安全管理模式。另一方面，在国际间贸易合作日益广泛的情况下，也需要一个统一的职业健康安全标准，因此各种国际间合作制定的标准也相继产生。其中，对国际较有影响的是英国标准化协会（BSI）和其他多个组织，参照了 ISO 9000 和 ISO 14000 模式，制定的职业健康安全评价体系（OHSAS—Occupational Health and Safety Assessment Series）18000 标准。

2. 职业健康安全管理体系的有关概念

建立体系应当先树立有关职业健康安全的概念，有关的概念有：

（1）安全。安全是免除了不可接受的损害风险的状态。绝大部分情况下都存在风险，想消灭所有的风险，使人们在毫无风险的情况下工作，有时是不符合实际的。当存在的风险是可以接受时，就可认为处在安全状态。因此，安全与否要对照风险的可接受程度进行判定。

随着社会和科技的进步，风险的可接受程度也在不断地变化。因此，安全是一个相对的概念。

例如，航空事故一直在发生，经常造成人员伤亡和资产损失，有时甚至非常巨大的，这就是航空风险。而且由于飞行的条件限制，飞机的安全系数不能无限的加大，加之不可预知的气象因素，航空风险始终存在。但随着科技的进步，飞机安全性能的提高，相对于航空交通的总流量、总人次和人们对航空的需求来说，风险的损失还是较少的，是社会和人们可以接受的。

因此，普遍认为航空运输是安全的。对于建筑施工有同样的情况，近年来建筑施工安全工作有了很大的进步，而且风险的可接受程度也在不断变化，但建筑施工还是存在着风险，建筑企业属于高风险行业。因此，正确理解安全的定义将能有助于树立符合实际的安全工作目标。

（2）危险源：可能导致人身伤害和（或）健康损害的根源、状态或行为，或其组合。

（3）危险源辨识：识别危险源的存在并确定其特性的过程。

（4）健康损害：可确认的、由工作活动和（或）工作相关状况引起或加重的身体或精神的不良状态。

（5）事件：发生或可能发生与工作相关的健康损害或人身伤害（无论严重程度），或者死亡的情况。

（6）相关方：工作场所内外与组织职业健康安全绩效有关或受其影响的个人或团体。

（7）职业健康安全：影响或可能影响工作场所内的员工或其他工作人员（包括临时工和承包方员工）、访问者或其他人员健康安全的条件和因素。

（8）职业健康安全管理体系：组织管理体系的一部分，用于制定和实施组织的职业健康安全方针并管理其职业健康安全风险。

（9）职业健康安全目标：组织自我设定的在职业健康安全绩效方面要达到的职业健康安全目的。

（10）职业健康安全绩效：组织对其职业健康安全风险进行管理所取得的可测量的结果。

（11）职业健康安全方针：最高管理者就组织的职业健康安全绩效正式表述的总体意图

和方向。

（12）风险：发生危险事件或有害暴露的可能性，与随之引发的人身伤害或健康损害的严重性的组合。

（13）风险评价：对危险源导致的风险进行评估、对现有控制措施的充分性加以考虑以及对风险是否可接受予以确定的过程。

3. 职业健康安全体系的建立和实施

职业健康安全管理体系的模式分为五个过程，即确定方针、策划、实施与运行、检查与纠正措施以及管理评审。

组织应根据其规模的大小和活动的性质、产品来确定职业健康安全管理体系的复杂程度以及文件多少和资源投入的数量。

职业健康安全管理体系的建立和实施的步骤可按照前述五个过程的步骤进行。

首先，是组织应当建立一个经最高管理者批准的职业健康安全方针，该方针应清楚阐明职业健康安全总目标和改进职业健康安全绩效的承诺。

（1）制定的职业健康安全方针。

1）适合组织的职业健康安全风险的性质和规模。

2）包括持续改进的承诺。

3）包括组织至少遵守现行职业健康安全法规和组织接受的其他要求的承诺。

4）形成文件，实施并保持。

5）传达到全体员工，使其认识各自在的职业健康安全义务。

6）可为相关方所获取。

7）定期评审，以确保其与组织保持相关和适宜。

在策划过程中包括危险源辨识、风险评价和风险控制；法规和其他要求的识别和获得；管理目标的建立和管理方案的制定等工作，其中的主要工作是危险源辨识、风险评价和风险控制，这是整个管理体系的基础。

（2）组织应持续进行危险源辨识、风险评价和实施必要的控制措施，建立并保持程序，这些程序应包含：

1）组织的常规和非常规活动。

2）所有进入工作场所的人员（包括合同方人员和访问者）的活动。

3）工作场所的设施（无论是由本组织还是由外界所提供）。

（3）进行危险源的辨识，可以从问答下列的三个问题着手：

1）有伤害的来源吗？

2）谁（什么）会受到伤害？

3）伤害如何发生？

（4）危险源的辨识和风险评价的方法。

1）依据风险的范围、性质和时限性进行辨识，以确保该方法是主动性而不是被动性的。

2）规定风险分级，识别可通过职业健康安全标准中规定的措施消除或控制的风险。

3）与运行经验和所采取的风险控制措施的能力相适应。

4）为确定设施要求、识别培训需求和（或）开展运行控制提供输入信息。

5）规定对所要求的活动进行监视，以确保其及时有效的实施。

进行辨识时，宜按照中华人民共和国国家标准《生产过程危险和有害因素分类与代码》（GB/T 13861—2009）。该标准适用于各个行业在规划、设计和组织生产时，对危险源的预测和预防、伤亡事故的统计分析和应用计算机管理。按照该标准，危险源分为物理性危险和有害因素，化学性危险和有害因素，生物性危险和有害因素，心理、生理性危险和有害因素，行为性危险和有害因素以及其他危险和有害因素六大类。在进行危险源辨识时可参照该标准的分类和编码，便于管理。

在危险源的辨识时，对于危险源可能发生的伤害可以明确忽略时，则不宜列入文件或进一步考虑。

辨识的方法有询问交谈、现场观察、查阅有关记录、获取外部信息、工作任务分析、安全检查表、危险与可操作性研究、事故树分析、故障树分析等。这些方法都有各自的特点和局限性，因此一般都使用两种或两种以上的方法识别危险源。

对于辨识后的危险源要进行风险的评价。估算其潜在伤害的严重程度和发生的可能性，然后对风险进行分级。《职业健康安全管理体系指南》（GB/T 28002）推荐的简单的风险水平评估见表12-1。

表 12-1 简单的风险水平评估

可能性	严重程度（后果）		
	轻微伤害	伤害	严重伤害
极不可能	可忽略的风险	可容许的风险	中度风险
不可能	可容许的风险	中度风险	重大风险
可能	中度风险	重大风险	不可容许风险

依据表12-1提供的风险分级，确定是否需要采取控制措施，以及行动的时间表。表12-2只是一种探讨性研究方法，仅为了便于举例说明。控制措施宜与风险水平相称。

表 12-2 基于风险水平的简单措施计划

风险水平	措施和时间表
可忽略的风险	无须采取措施且不必保持文件记录
可允许的风险	无须增加另外的控制措施。宜考虑成本效益更佳解决方案或不增加额外成本的改进措施。需要监视以确保控制措施得以保持
中度风险	宜努力降低风险，但宜仔细测量和限定预防措施的成本，宜在规定的时间内实施风险降低措施；当中度风险的后果属于"严重伤害"时，则需要进一步的评价，以便更准确地确定伤害的可能性，从而确定是否需要改进控制措施
重大风险	对于尚未进行的工作，则不宜开始工作，直至风险降低为止。为了降低风险，可能必须配置大量的资源。对于正在进行的工作，则在继续工作的同时宜采取应急措施
不可允许风险	不宜开始工作或继续工作，直至风险降低为止。如果即使投入无限的资源也不可能降低风险，就必须禁止工作

风险的评价也可用数值方法取代风险描述的方法，但数值的方法并不意味着评价更为准确。

风险评价的输出宜为一个按优先顺序排列的控制措施清单。控制措施应包括新设计的措施，拟保持的措施或加以改进的措施。

（5）选择控制措施时宜考虑以下方面：

1）如果可能，则完全消除危险源。

2）如果不可能消除，则努力降低风险。

3）采取技术进步、程序控制、安全防护等措施。

4）当所有其他可选择的措施均已考虑后，作为最终手段而使用个体防护装备。

5）考虑对应急方案的需求，建立应急计划，提供有关的应急设备。

6）对监视措施的控制程度进行主动性的监视。

（6）措施计划宜在实施前进行评审。评审包含以下方面：

1）更改的措施是否使风险降低至可允许水平。

2）是否产生新的危险源。

3）是否已选定了成本效益最佳的解决方案。

4）受影响的人员如何评价更改的预防措施的必要性和实用性。

5）更改的预防措施是否会用于实际工作中，以及在其他压力情况下是否会被忽视。

12.3 项目安全健康管理

12.3.1 项目危险源识别与评价

危险源辨识和风险评价是一个持续不断的过程，要持续评审控制措施的充分性，当条件变化时要对风险重新进行评审。

在策划过程中要考虑的其他工作还有识别和获得适用法规和其他职业健康安全要求，制定目标和管理方案。

识别和获得适用的法规和其他要求是职业健康安全管理的一项重要内容，要求做到能识别需要应用哪些法规和要求、从哪里可获取、在哪里应用和及时更新。要采用最适宜的获取信息的手段，但并不要求组织建立一个包含很少涉及与使用的法规和要求的资料库。

12.3.2 项目职业健康安全管理职责

在实施和运行过程中，首先需要考虑的是组织的结构和职责。组织应对职业健康安全风险有影响的各类人员，确定其作用、职责和权限，并进行沟通。

确定职责时，要特别注意不同职能之间的接口位置的人员的职责。还要注意到职业健康安全是组织内全体人员的责任，而不是只具有明确的职业健康安全职责的人员的责任。

实施和运行过程的其他要求是培训、协商和沟通、文件、运行控制和应急准备。

12.3.3 项目主要健康安全培训

职业健康安全管理体系对于培训的要求是通过有效的程序确保员工有能力完成所安排的职责，因此项目应建立并保持程序。对于与职业健康安全有关的人员，应有所受教育、培训和经历方面的适当规定。按照规定要求识别现有水平与要求的不足，并结合危险源辨识、风险评价和风险控制进行培训。

培训还要注意对管理项目以外的其他人员（如进入现场的合同方人员、访问者、临时工）的培训。要使管理人员对于其他人员也要根据需要进行必要的教育或培训，使其他人员也能在工作场所内安全地从事活动。

培训应当有记录和对培训有效性的评价记录。

12.3.4　沟通与协商

对于协商和沟通工作，项目应确保与员工和其他相关方就相关职业健康安全信息进行相互沟通，并将员工参与和协商的安排形成文件，通报相关方。

员工应参与风险管理方针和程序的制定和评审；参与商讨影响工作场所职业健康安全的任何变化；参与职业健康安全事务；了解谁是职业健康安全的员工代表和指定的管理者代表。

12.3.5　文件管理

有关文件和资料的控制的要求是组织应以适当的媒介建立并保持有关描述管理体系核心要素及其相互作用的信息，并提供查询相关文件的途径，要使文件数量尽可能地少。职业健康安全标准并不要求一定要按某一特定格式将已有的文件重新编写，但必须确保文件和资料易于查找；定期评审，必要时修订并由授权人员确认其适宜性；关键性的岗位能得到有关的文件和资料，以及采取措施防止失效文件和资料的误用。

12.3.6　运行与应急管理

对于运行控制，项目应注意对已认定的需要采取措施的风险有关的活动，对这些活动进行策划。如有因缺乏形成文件的程序，而能导致偏离职业健康安全方针、目标的后果时，必须建立并保持形成文件的程序。程序要考虑与人的能力相适应。

应急准备、响应的计划、程序建立、保持，是总承包项目工作执行实施和运行过程的重要工作。要识别潜在的事件和紧急情况，并作出响应。要评审这些计划和程序，特别是在事件或紧急情况发生之后。

12.3.7　检查与监视

在实施检查和纠正措施时，组织应对其职业健康安全的绩效进行常规的测量和监视。

监视可分为主动性和被动性的两种。主动性的监视是监视组织的活动是否符合管理方案、运行准则和有关的法规要求；被动性的监视是监视事件、事故、因事故伤害的误工等。监视应有记录，作为以后的纠正和预防措施的分析。

实施检查和纠正措施应对事故、事件、不符合进行处理调查，并采取与问题的严重性和风险相适应的纠正或预防措施，所拟定的纠正和预防措施在实施前还应先通过风险评价过程进行评审。如果这些措施引起了对已形成的文件的更改，则应进行文件的更改并作记录。

12.3.8　内部审核与管理评审

项目应定期开展对体系的内部审核，这种审核的重点是职业健康安全体系的绩效方面，而不是一般的安全检查。审核要求确定组织的体系是否能满足标准、组织的方针和目标的要求，是否得到了正确的实施和保持。审核还要评审以往审核的结果，以便向项目经理提供信息。审核应由与所审核活动无关的人员进行，但不一定需要来自项目外部。

所有的职业健康安全的记录包括审核和评审的结果，都应当按照适合于管理体系和组织的方式进行保存，应当规定记录的保存期限。

12.4 工程施工安全检查

12.4.1 施工检查的基本内容

施工安全检查是提高安全生产管理水平，落实各项安全生产制度和措施，及时消除安全隐患，确保安全生产的一项重要工作。企业均应制定安全检查制度，总承包项目经理部、专业工程师、施工班组均应组织定期和不定期的全面或重点的安全检查，及时发现、纠正、整改责任区域内的隐患和违章活动。安全管理机构应对各级检查实施监督，并实施安全专业检查。

12.4.2 检查方式

全面检查时，应在负责人的领导下组织生产、技术、安全、办公室等有关部门成立检查组，一般采用先现场检查再讨论分析的方法。发现问题要及时提出整改措施，对于现场发现的重大安全问题，要立即采取果断措施或停止施工，在落实整改措施并通过验收合格后，方可继续施工。安全检查的结果应通知被检查部门或单位，并要求各部门或单位按照检查提出的要求，对需要整改的部位进行整改，在规定的时间内完成。检查组还应当对整改措施进行检查落实。

12.4.3 安全检查标准

安全检查应当遵循国家的法律、法规和有关的标准、规范。现场检查的评价标准应以行业标准《建筑施工安全检查标准》（JGJ 59—2011）为准。执行该标准能科学地评价建筑施工安全生产情况，提高安全生产工作和文明施工的管理水平，实现检查评价工作的标准化和规范化。

标准采用了安全系统工程原理，结合建筑施工中伤亡事故规律，依据国家有关法律法规、标准和规程以及《施工安全与卫生公约》（第 167 号公约）的要求而编制。

标准分为安全管理、文明施工、脚手架、基坑支护与模板工程、"三宝"及"四口"防护、施工用电、物料提升机与外用电梯、塔式起重机、超重吊装和施工机具 10 个分项 158 个子项。标准所提及的"三宝"是指安全帽、安全带和安全网，"四口"是指通道口、预留洞口、楼梯口和电梯井口。

分项评分表的格式分为两种：一种是所检查的子项之间没有相互的联系，如"三宝""四口"，以及施工机具等；另一种是所检查的子项之间有相互的联系，并有轻重之分、能自成系统的，如塔式起重机、施工用电等，对于此类分项中的重点部位列为保证项目，其他的项目列为一般项目，如塔式起重机、外用电梯等。

每个分项的评分均采用百分制，满分为 100 分。凡是有保证项目的分项，其保证项目满分为 60 分，其余项目满分为 40 分。为保证施工安全，当保证项目中有一个子项不得分或保证项目小计不足 40 分者，此分项评分表不得分。

当多人对同一项目评分时，应按人员的职务采用加权评分方法确定分值。其中，专职安全员的权数为 0.6，其他人员的权数为 0.4。在同一项目中有多个设备时，如多个脚手架、塔式起重机等，则按其平均值计算。

汇总表也采用百分制，但各个分项在汇总表中所占的满分值不同。文明施工占 20 分、起重吊装和施工机具各占 5 分，其余分项各占 10 分。

建筑施工安全检查的总评分为优良、合格和不合格三个等级。

（1）优良。没有不得分的分项检查表，且汇总表得分在 80 分及以上。

（2）合格。没有不得分的分项检查表，且汇总表得分在 70 分及以上；或有一张分项检查表没得分，但汇总表得分在 70 分及以上；或起重吊装分项或施工机具分项检查表未得分，但汇总表得分在 80 分及以上。

（3）不合格。汇总表得分不足 70 分；或有一分项检查表未得分，且汇总表得分在 75 分以下；或起重吊装分项或施工机具分项检查表未得分，且汇总表得分在 80 分以下。

作为工程项目经理应当掌握安全检查的过程、安全检查的内容、评定标准和计分方法。

12.5　工程安全控制

工程安全控制包括建立安全管理网络、制定制度和职责、编制施工安全技术措施、实施和检查以及持续改进等过程。

12.5.1　项目设计、采购与试运行的安全控制

施工一直是工程总承包项目管理的重点，但是项目设计的安全管理，项目采购的安全管理和项目试运行的安全管理同样重要。

（1）设计必须严格执行有关安全的法律、法规和工程建设强制性标准，防止因设计不当导致建设和生产安全事故的发生。

1）设计应充分考虑不安全因素，安全措施（防火、防爆、防污染等）应严格按照有关法律、法规、标准、规范进行，并配合业主报请当地安全、消防等机构的专项审查，确保项目实施及运行使用过程中的安全。

2）设计应考虑施工安全操作和防护的需要，对涉及施工安全的重点部位和环节在设计文件中注明，并对防范安全事故提出指导意见。

3）采用新结构、新材料、新工艺的建设工程和特殊结构、特种设备的项目，应在设计中提出保障施工作业人员安全和预防安全事故的措施建议。

（2）项目采购应对自行采购和分包采购的设备材料和防护用品进行安全控制。采购合同应包括相关的安全要求的条款，并对供货、检验和运输的安全做出明确的规定。

（3）施工阶段的安全管理应按《建设工程项目管理规范》GB/T 50326 执行，并结合各行业及项目的特点，对施工过程中可能影响安全的因素进行管理。

（4）项目试运行前，必须按照有关安全法规、规范对各单项工程组织安全验收。制定试运行安全技术措施，确保试运行过程的安全。

12.5.2　安全生产管理网络

建立有关安全生产的管理机构，是进行安全控制的基础。要建立各级安全管理网络，安全工作要做到"纵向到底、横向到边"，没有死角和空白。要贯彻安全生产人人有责的思想，使广大职工了解自己在安全生产中的职责和作用，还要了解不遵守安全规程的危害，树立企业和现场的安全文化。

12.5.3　安全生产的制度和职责

我国自新中国成立以来始终强调"安全第一、预防为主"的方针，确定了"以人为本、关爱生命"的思想，紧密结合建设工程安全生产的特点和实际，建立了一系列的安全管理制度，对政府部门、设计、监理和施工企业以施工企业中的各级人员的职责行为进行了全面规范，确立了一系列建设工程安全生产管理制度。主要有下列制度，即建设工程和拆除工程备案制度，三类人员考核任职制度，特种作业人员持证上岗制度，施工起重机械使用登记制度，政府安全监督检查制度，危及施工安全工艺、设备、材料淘汰制度，生产安全事故报告制度，安全生产责任制度，安全生产教育培训制度，专项施工方案专家论证审查制度，施工现场消防安全责任制度，意外伤害保险制度，生产安全事故应急救援制度等。此外，还对施工企业资质和施工许可制度做了补充和完善。

1. 工程建设和拆除工程备案制度

依法批准开工报告的建设工程，建设单位应当自开工报告批准之日起 15 日内，将保证安全施工的措施报送建设工程所在地的县级以上人民政府建设行政主管部门或者其他有关部门备案。

建设单位应当将拆除工程发包给具有相应资质等级的施工单位。建设单位应当在拆除工程施工 15 日前，将下列资料报送建设工程所在地的县级以上地方人民政府建设行政主管部门或者其他有关部门备案。

有关拆除工程备案的要求如下：

（1）施工单位资质等级证明。

（2）拟拆除建筑物、构筑物及可能危及毗邻建筑的说明。

（3）拆除施工组织方案。

（4）堆放、清除废弃物的措施。

（5）实施爆破作业的，应当遵守国家有关民用爆炸物品管理的规定。

2. 三类人员考核任职制度

建设部为贯彻落实提高建筑施工企业主要负责人、项目负责人、专职安全生产管理人员安全生产知识水平和管理能力，保证建筑施工安全生产，依据《安全生产法》《建筑工程安全生产管理条例》和《安全生产许可证条例》，颁布了《关于印发"建筑施工企业主要负责人、项目负责人、专职安全生产管理人员安全生产考核管理暂行规定"的通知》（建质〔2004〕159 号）的规定，对在中华人民共和国境内从事建设工程施工活动的建筑施工企业三类人员进行考核认定。三类人员是指建筑施工企业的主要负责人、项目负责人、专职安全生产管理人员。

三类人员应当经建设行政主管部门或者其他有关部门考核合格后方可任职，考核内容主要是安全生产知识和安全管理能力。

其中，建筑施工企业项目负责人，是指由企业法定代表人授权，负责建设工程项目管理的负责人。

国务院建设行政主管部门负责全国建筑施工企业管理人员安全生产的考核工作，并负责中央管理的建筑施工企业管理人员安全生产考核和发证工作。

省、自治区、直辖市人民政府建设行政主管部门负责本行政区域内中央管理以外的建筑施工企业管理人员安全生产考核和发证工作。

建筑施工企业管理人员应当具备相应文化程度、专业技术职称和一定安全生产工作经历，并经企业年度安全生产教育培训合格后，方可参加建设行政主管部门组织的安全生产考核。

建筑施工企业管理人员安全生产考核内容包括安全生产知识和管理能力。

安全生产考核合格的，由建设行政主管部门在 20 日内核发建筑施工企业管理人员安全生产考核合格证书；对不合格的，应通知本人并说明理由，限期重新考核。

建设行政主管部门应当加强对建筑施工企业管理人员履行安全生产管理职责情况的监督检查，发现有违反安全生产法律法规、未履行安全生产管理职责、不按规定接受企业年度安全生产教育培训、发生死亡事故，情节严重的应当收回安全生产考核合格证书，并限期改正，重新考核。

三类人员中建筑施工企业项目负责人的安全生产考核要点：

（1）安全生产知识考核要点。

1）国家有关安全生产的方针政策、法律法规、部门规章、标准及有关规范性文件，本地区有关安全生产的法规、规章、标准及规范性文件。

2）工程项目安全生产管理的基本知识和相关专业知识。

3）重大事故防范、应急救援措施，报告制度及调查处理方法。

4）企业和项目安全生产责任制和安全生产规章制度内容、制定方法。

5）施工现场安全生产监督检查的内容和方法。

6）国内、外安全生产管理经验。

7）典型事故案例分析。

（2）安全生产管理能力考核要点。

1）能认真贯彻执行国家安全生产方针、政策、法规和标准。

2）能有效组织和督促本工程项目安全生产工作，落实安全生产责任制。

3）能保证安全生产费用的有效使用。

4）能根据工程的特点组织制定安全施工措施。

5）能有效开展安全检查，及时消除生产安全事故隐患。

6）能及时、如实报告生产安全事故。

7）安全生产业绩：自考核之日起，所管理的项目一年内未发生由其承担主要责任的死亡事故。

3. 特种作业人员持证上岗制度

特种作业是指容易发生人员伤亡事故，对操作者本人、他人及周围设施的安全有重大危害的作业。对于建筑工程施工中的特种作业人员，《建设工程安全生产管理条例》第 25 条规定：垂直运输机械作业人员、超重机械安装拆卸工、爆破作业人员、起重信号工、登高架设作业人员等特种作业人员，必须按照国家有关规定经过专门的安全作业培训，并取得特种作业操作资格证书后，方可上岗作业。

对于特种作业人员的范围，国务院有关部门还做过一些规定。1999 年 7 月 12 日前国家经贸委发布的《特种作业人员安全技术培训考核管理办法》，明确特种作业包括：电工作业；金属焊接切割作业；起重机械（含电梯）作业；企业内机动车辆驾驶；登高架设作业；锅炉作业（含水质化验）；压力容器操作；制冷作业；爆破作业；矿山通风作业（含瓦斯检验）；矿山排水作业（含尾矿坝作业）；由省、自治区、直辖市安全生产综合管理部门或国务院行业主管部门提出，并经前国家经济贸易委员会批准的其他作业。随着新材料、新工艺、新技术的应用和推广，特种作业人员的范围也随之发生变化，特别是在建设工程施工过程中，一些作业岗位的危险程度在逐步加大，频繁出现安全事故，对在这些岗位上作业的人员，也需要进行特别的教育培训。如垂直运输机械作业人员、安装拆卸工、起重信号工等，都应当列为特种作业人员。

特种作业人员应具备的条件是：

（1）年龄满 18 周岁。

（2）身体健康、无妨碍从事相应工种作业的疾病和生理缺陷。

（3）初中以上文化程度，具备相应工程的安全技术知识，参加国家规定的安全技术理论和实际操作考核并成绩合格。

（4）符合相应工种作业特点需要的其他条件。特种作业人员必须按照国家有关规定经过专门的安全作业培训，并取得特种作业操作资格证书后，方可上岗作业。专门的安全作业培训，是指有关主管部门组织的专门针对特种作业人员的培训，也就是特种作业人员在独立上岗作业前，必须进行与本工种相适应的、专门的安全技术理论学习和实际操作训练。经培训考核合格，取得特种作业操作资格证书后，才能上岗作业。特种作业操作资格证书在全国范围内有效，离开特种作业岗位一定时间后，应当按照规定重新进行实际操作考核，经确认合格后方可上岗作业。对于未经培训考核，即从事特种作业的，如造成重大安全事故，构成犯罪的，对直接责任人员，依照刑法的有关规定追究刑事责任。

4. 施工起重机械使用登记制度

《建设工程安全生产管理条例》第 35 条规定："施工单位应当自施工起重机械和整体提升脚手架、模板等自升式架设设施验收合格之日起 30 日内，向建设行政主管部门或者其他有关部门登记。登记标志应当置于或者附着于该设备的显著位置。"该条内容规定了施工起重机械使用时必须进行登记的管理制度。

施工起重机械在验收合格之日起 30 日内，施工单位应当向建设行政主管部门或者其他有关部门登记。这是对施工起重机械的使用进行监督和管理的一项重要制度，能够有效防止非法设计、非法制造、非法安装的机械和设施投入使用；同时，还可以使建设行政主管部门或者其他有关部门及时、全面了解相掌握施工起重机械和整体提升脚手架、模板等自升式架设设施的使用情况，以利于监督管理。

进行登记应当提交施工起重机械有关资料，包括：

（1）生产方面的资料，如设计文件、制造质量证明书、监督检验证书、使用说明书、安装证明等。

（2）使用的有关情况资料，如施工单位对于这些机械和设施的管理制度和措施、使用情况、作业人员的情况等。

建设行政主管部门或者其他有关部门应当对登记的施工起重机械建立相关档案，并及时更新，切实将施工起重机械的使用置于政府的监督之下，从而有效减少事故的发生。

施工单位应当将登记标志置于或者附着于该设备的显著位置。不同起重机械的情况不同，施工单位掌握的原则就是各施工超重机械有无登记标志，登记标志是证明该设备已经在政府有关部门进行了登记，是合法使用的，所以将标志置于或者附着于设备上一般情况下都能够看到的地方，也便于使用者的监督，保证施工起重机械的安全使用。

5. 政府安全监督管理制度

在《建设工程安全生产管理条例》中政府有关部门对建设工程安全生产的监督的规定，主要如下：

（1）政府各级安全监督管理部门均有不同的对建设工程安全生产的监督管理的职责。

（2）政府安全监督检查的职责与权限：

1）建设行政主管部门和其他有关部门应当将依法批准开工报告的建设工程和拆除工程的有关备案资料主要内容抄送同级负责安全生产监督管理的部门。

2）建设行政主管部门在审核发放施工许可证时，应当对建设工程是否有安全施工措施进行审查，对没有安全施工措施的，不得颁发施工许可证。

3）建设行政主管部门或者其他有关部门对建设工程是否有安全施工措施进行审查时，不得收取费用。

4）县级以上人民政府负有建设工程安全生产监督管理职责的部门在各自的职责范围内履行安全监督检查职责时，有权采取下列措施：

①要求被检查单位提供有关建设工程安全生产的文件和资料。

②进入被检查单位施工现场进行检查。

③纠正施工中违反安全生产要求的行为。

④对检查中发现的安全事故隐患，责令立即排除；重大安全事故隐患排除前或者排除过程中无法保证安全的，责令从危险区域内撤出作业人员或者暂时停止施工。

5）建设行政主管部门或者其他有关部门可以将施工现场的监督检查委托给建设工程安全监督机构具体实施。

6）国家对严重危及施工安全的工艺、设备、材料实行淘汰制度，具体目录由国务院建设行政主管部门会同国务院其他有关部门制定并公布。

7）县级以上人民政府建设行政主管部门和其他有关部门应当及时受理对建设工程生产安全事故及安全事故隐患的检举、控告和投诉。

6. 危及施工安全的工艺、设备、材料的淘汰制度

严重危及施工安全的工艺、设备、材料是指不符合生产安全要求，极有可能导致生产安全事故发生，致使人民生命和财产逃受重大损失的工艺、设备和材料。工艺、设备和材料在建设活动中属于物的因素，相对于人的因素来说，这种因素对安全生产的影响是一种"硬约束"，即只要使用了严重危及施工安全的工艺、设备和材料，就算是安全管理措施再严格，人的作用发挥得再充分，也仍然难以避免安全生产事故的发生。因此，工艺、设备和材料和建设施工安全息息相关。为了保障人民群众生命和财产安全，国家明确规定，对严重危及施

工安全的工艺、设备和材料实行淘汰制度。这一方面有利于保障安全生产，另一方面也体现了优胜劣汰的市场经济规律，有利于提高生产经营单位的工艺水平，促进设备更新。

对于已经公布的严重危及施工安全的工艺、设备和材料，建设单位和施工单位都应当严格遵守和执行，不得继续使用此类工艺和设备，也不得转让他人使用。

7. 生产安全事故报告制度

有关国家对建设工程生产安全事故报告制度的规定，本书在 12.5 节中作介绍。

8. 安全生产责任制度

安全生产责任制度就是对各级负责人、各职能部门以及各类施工人员在管理和施工过程中，应当承担的责任做出明确的规定。具体来说，就是将安全生产责任分解到施工单位的主要负责人、项目负责人、班组长以及每个岗位的作业人员身上。安全生产责任制度是施工企业最基本的安全管理制度，是施工企业安全生产管理的核心和中心环节。依据《建设工程安全生产管理条例》和《建筑施工安全检查标准》的相关规定，安全生产责任制度的主要内容如下：

（1）安全生产责任制度主要包括施工企业主要负责人的安全责任，负责人或其他副职的安全责任，项目负责人（项目经理）的安全责任，生产、技术、材料等各职能管理负责人及其工作人员的安全责任，技术负责人（工程师）的安全责任，专职安全生产管理人员的安全责任，施工员的安全责任，班组长的安全责任和岗位人员的安全责任等。

（2）项目对各级、各部门安全生产责任制应规定检查和考核办法，并按规定期限进行考核，对考核结果及兑现情况应有记录。

（3）项目独立承包的工程在签订承包合同中必须有安全生产工作的具体指标和要求。工地由多单位施工时，总、分包单位在总订合同前要检查分包单位的营业执照、企业资质证、安全资格证等。分包队伍的资质应与工程要求相符，在安全合同中应明确总、分包单位各自的安全职责。原则上，实行总承包的由总承包单位负责，分包单位向总包单位负责，服从总包单位对施工现场的安全管理。分包单位在其分包范围内建立施工现场安全生产管理制度，并组织实施。

（4）项目的主要工种应有相应的安全技术操作规程，一般应包括砌筑、抹灰、混凝土、木作、钢筋、机械、电气焊、起重吊索、信号指挥、塔吊、架子、水暖、油漆等工种，特种作业应另行补充。应将安全技术操作规程列为日常安全活动和安全教育的主要内容。

（5）施工现场应按工程项目大小配备专（兼）职安全人员。可按建筑面积 1 万 m^2 以下的工地至少有 1 名专职人员；1 万 m^2 以上的工地设 2~3 名专职人员；5 万 m^2 以上的大型工地，按不同专业组成安全管理组进行安全监督检查。

9. 安全生产教育培训制度

国家对于施工企业各级人员的培训时间和教育内容均有要求。

（1）施工企业职工安全培训的时间要求为：企业法人代表、项目经理每年不少于 30 学时；专职管理和技术人员每年不少于 40 学时；其他管理和技术人员每年不少于 20 学时；特殊工种每年不少于 20 学时；其他职工每年不少于 15 学时。待、转、换岗重新上岗前，接受一次不少于 20 学时的培训。新工人的公司、项目、班组三级培训教育时间分别不少于 15 学时、15 学时、20 学时。

（2）培训教育的形式与内容。培训教育按等级、层次和工作性质分别进行，管理人员的重点是安全生产意识和安全管理水平，操作者的重点是遵章守纪、自我保护和提高防范事故的能力。

对新工人（包括合同工、临时工、学徒工、实习和代培人员）必须进行公司、工地和班组的三级安全教育。三级安全教育是指公司（企业）、项目（工程处、施工处、工区）、班组这三级，是对每个刚进企业的新工人必须接受的首次安全生产方面的基本教育。教育内容包括安全生产方针、政策、法规、标准及安全技术知识、设备性能、操作规程、安全制度、严禁事项及本工种的安全操作规程。

对电工、焊工、架工、司炉工、爆破工、机操工及超重工、打桩机和各种机动车辆司机等特殊工种工人，除进行一般安全教育外，还要经过本工程的专业安全技术教育。

采用新工艺、新技术、新设备施工和调换工作岗位时，对操作人员进行新技术、新岗位的安全教育。

特定情况下要进行适时的安全教育，特定情况是指季节变化、节假日前后、发现事故隐患或发生事故后等情况。

安全生产是一种经常性的教育，必须把安全教育贯穿于管理工作的全过程，并根据接受教育对象的不同特点，采取多层次、多渠道和多种方法进行。安全生产宣传教育多种多样，应贯彻及时性、严肃性、真实性，做到简明、醒目。

10. 专项施工方案专家论证审查制度

《建设工程安全生产管理条例》第 26 条规定：施工单位应当在施工组织设计中编制安全技术措施和施工现场临时用电方案，对下列达到一定规模的危险性较大的分部分项工程编制专项施工方案，并附具安全验算结果，经施工单位技术负责人、总监理工程师签字后实施，有专职安全生产管理人员进行现场监督。

（1）基坑支护与降水工程。

（2）土方开挖工程。

（3）模板工程。

（4）起重吊装工程。

（5）脚手架工程。

（6）拆除、爆破工程。

（7）国务院建设行政主管部门或者其他有关部门规定的其他危险性较大的工程。

对前列工程中涉及深基坑、地下暗挖工程、高大模板工程的专项施工方案，施工单位还应当组织专家进行论证、审查。

11. 施工现场消防安全责任制度

施工现场都要建立、健全防火检查制度。

在编制施工组织设计时，施工总平面图、施工方法和施工技术均要符合消防安全要求。

施工现场应明确划分用火作业、易燃、可燃材料堆场、仓库，易燃废品集中站和生活区等区域。现场夜间应有照明设备，保持消防车通道畅通无阻，并要安排力量加强值班巡逻。施工作业期间需搭设临时性建筑时，必须经施工企业技术负责人批准，施工结束应及时拆除，但不得在高压架空线下面搭设临时性建筑物或堆放可燃物品。

现场应成立义务消防队，人数不少于施工总人员的 10%。

现场应配备足够的消防器材，指定专人维护、管理、定期更新，保证完整好用。应按要求敷设好室内外消防水管和消火栓。焊、割作业点与氧气瓶、电石桶和乙炔发生器等危险物品的距离不得少于 10m，与易燃易爆物品的距离不得少于 30m，如达不到上述要求的，应执行动火审批制度，并采取有效的安全隔离措施。乙炔发生器和氧气瓶的存放之间距离不得小于 2m，使用时两者的距离不得小于 5m。氧气瓶、乙炔发生器等焊割设备上的安全附件应完整、有效，否则不准使用。施工现场的焊、割作用，必须符合防火要求，严格执行"十不烧"规定。

冬期施工采用保温加热措施时，应针对所采用保温或加热方法，制定防范安全措施进行安全教育。施工过程中，应安排专人巡逻检查，发现隐患及时处理。

施工现场的动火作业，必须执行分级审批制度。古建筑和重要文物单位等场所动火作业，要上报有关部门审批。

12. 意外伤害保险制度

我国《建筑法》规定，建筑职工意外伤害保险是法定的强制性保险，也是保护建筑业从业人员合法权益，转移企业事故风险，增强企业预防和控制事故能力，促进企业安全生产的重要手段。中华人民共和国建设部于 2003 年公布了《建设部关于加强建筑意外伤害保险工作的指导意见》（建质〔2003〕107 号），对加强和规范建筑意外伤害保险工作提出了较详尽的规定，其内容如下：

（1）建筑意外伤害保险的范围。建筑施工企业应当为施工现场从事施工作业和管理的人员，在施工活动过程中发生的人身意外伤亡事故提供保障，办理建筑意外伤害保险、支付保险费，范围应当覆盖工程项目。

已在企业所在地参加工伤保险的人员，从事现场施工时仍可参加建筑意外伤害保险。

各地建设行政主管部门可根据本地区实际情况，规定建筑意外伤害保险的附加险要求。

（2）建筑意外伤害保险的保险期限。保险期限应涵盖工程项目开工之日到工程竣工验收合格日。提前竣工的，保险责任自行终止。因故延长工期的，应当办理保险延期手续。

（3）建筑意外伤害保险的保险金额。各地建设行政主管部门结合本地区实际情况，确定合理的最低保险金额。最低保险金额要能够保障施工伤亡人员得到有效的经济补偿。施工企业办理建筑意外伤害保险时，投保的保险金额不得低于此标准。

13. 生产安全事故应急救援制度

应急救援预案是对事故或重大事故一旦发生后的救援程序、方法、资源配备的规定。应急预案的建立能使救援减少延误，尽快实施，从而减少损失。

（1）施工单位和项目经理部的应急预案职责。施工单位应当根据建设工程施工的特点、范围，对施工现场易发生重大事故的部位、环节进行监控，制定施工现场生产安全事故应急救援预案。实行施工总承包的，由总承包单位统一组织编制建设工程生产安全事故应急救援预案，工程总承包单位和分包单位按照应急救援预案，各自建立应急救援组织或者配备应急救援人员，配备救援器材、设备，并定期组织演练。

项目经理部应针对可能发生的事故制定相应的应急救援预案。准备应急救援的物资，并在事故发生时组织实施，防止事故扩大，以减少与之有关的伤害和不利环境影响。

（2）现场应急预案的编制和管理。现场应急预案的编制应与安全保证计划同步编写。根据对危险源与不利环境因素的识别结果，确定可能发生的事故或紧急情况的控制措施失效时所采取的补救措施和抢救行动，以及针对可能随之引发的伤害和其他影响所采取的措施。

应急预案应针对并适用于项目部施工现场范围内可能出现的事故或紧急情况的救援和处理。

应急预案中应明确：应急救援的组织、职责和人员的安排，应急救援器材、设备的准备和平时的维护保养；在作业场所发生事故时，如何组织抢救，保护事故现场的安排，其中应明确如何抢救，使用什么器材、设备；明确内部和外部联系的方法、渠道，根据事故性质，制定在多少时间内由谁如何向企业上级、政府主管部门和其他有关部门，需要通知有关的近邻及消防、救险、医疗等单位的联系方式；在紧急情况下，工作场所内全体人员如何疏散的要求。

现场应急预案由项目经理部编制后，上报上级有关部门，对其适宜性进行审核和确认。

应急救援的方案经上级批准后，项目经理部还应根据实际情况定期和不定期举行应急救援的演练，检验应急准备工作的能力。

现场应急救援预案应包括下列内容：目的、适用范围、应急准备的组织、办公地点、资源。特别对于应急响应，要分清一般事故和重大事故的应急响应的响应方式的不同。当事故或紧急情况发生后，应分清在不同的事故时，明确由谁向谁汇报，如何组织抢救，由谁指挥，配合对伤员、财物的急救处理，防止事故扩大。

现场应急预案应进行演练，项目部还应规定平时定期演练的要求和具体项目。演练或事故发生后，对应急救援预案的实际效果进行评价，并提出修改预案的要求。

14. 安全生产许可制度

依据《安全生产许可证条例》（国务院 2004 年第 397 号）的规定，国家对建筑施工企业实施安全生产许可制度。实施安全生产许可制度的目的是为了严格规范安全生产条件，进一步加强安全生产监督管理，防止和减少生产安全事故。建筑施工企业未取得安全生产许可证的，不得从事生产活动。

安全生产许可证的颁发和管理，由国务院建设主管部门负责中央管理的建筑施工企业安全生产许可证的颁发和管理；省、自治区、直辖市人民政府建设主管部门负责前款规定以外的建筑施工企业安全生产许可证的颁发和管理，并接受国务院建设主管部门的指导和监督。

企业取得安全生产许可证后，不得降低安全生产条件，并应当加强日常安全生产管理，接受安全生产许可证颁发管理机关的监督检查。

12.5.4　施工安全技术措施

施工安全技术措施是指为了防止工伤事故的职业病的危害，从技术革新上采取的各种措施，在房屋建筑工程施工中，要针对工程特点、施工现场环境、施工方法、劳动组织、作业工艺、使用的机械动力设备、配电方法、架设工具以及各种安全设施等到制定的确保安全施工的预防措施。

(1) 施工安全技术措施是施工组织设计的重要组成部分，施工安全技术措施的编制要满足四性的要求。即：

1) 要有超前性。施工安全技术措施必须在工程开工前编制、审核完毕。这是为了有充分的时间进行准备和落实。对于施工中出现的变更，也应及时相应补充施工安全技术措施。

2) 要有针对性。施工技术安全措施是针对每项工程而编制的。编制人员要掌握工程的特点、施工环境和施工方法的特点，才能编制出能指导生产的施工技术措施。

3) 要有可靠性。施工安全技术措施是贯穿于每个工序之中的措施。要力求细致、全面、具体、可靠。只有把各种因素和各不利条件考虑周全，有对策、有措施，才能真正做到预防事故。

4) 要有操作性。对于大型项目、结构复杂的重点工程，应当分别编制总体施工安全技术措施、单位工程以及分项工程施工安全技术措施。对于特殊工种的工艺，要编制工作部位的措施。此外，对于不同的季节、不同的时期、不同的条件下的工作，都要有可操作的措施。

(2) 施工安全技术措施的编制应由项目经理部在开工前编制完毕，其主要内容应包括下列内容：

1) 基坑施工安全技术措施。

2) 脚手架安全技术措施。

3) 高处作业安全技术措施。

4) 垂直运输安全技术措施。

5) 临时用电安全技术措施。

6) 施工机械安全技术措施。

7) 季节性安全技术措施。

8) 防火、防雷、防爆、防毒等安全技术措施。

施工安全技术措施编制完成后，应报有关部门批准。工程开工前应向施工人员作具体交底，措施的实施应作检查。发现措施不能落实时，要作具体分析。如需对措施作改进，改进后的措施也要经有关部门的批准方可实施。

12.6 工程安全事故处理

建筑业属于事故多发的行业之一。据统计，建筑业每年施工死亡人数在全国各行业中居第二位。由于建设工程中生产安全事故的发生不能完全杜绝，在加强施工安全监督管理，坚持预防为主的同时，为了减少建筑工程安全事故中的人员伤亡和财产损失，还必须建立建筑工程生产安全事故的紧急救援制度。

12.6.1 安全事故的报告和分类

工程施工中发生的伤亡事故是指职工在劳动过程中发生的人身伤害、急性中毒事故。

事故发生后，施工单位应当组织对现场事故的抢救，实行总承包的项目，总承包单位应统一组织事故的抢救工作。要根据事故的情况按应急救援预案或企业有关事故处理的制度迅速采取有效措施，组织抢救，防止事故扩大，减少人员伤亡和财产损失。

安全事故的分类应按照《工程建设重大事故报告和调查程序规定》的分类方法。所称重大事故系指在工程建设过程中由于责任过失造成工程倒塌或报废、机械设备毁坏和安全设施失效造成人身伤亡或重大经济损失的事故。

12.6.2 安全事故的处理

对于安全事故要实施"四不放过"的原则。"四不放过"是指在因工伤亡事故处理中，必须坚持事故原因分析不明不放过；员工和事故责任者受不到教育不放过；事故隐患不整改不放过；事故责任人不处理不放过的原则。

12.7　环　境　管　理

12.7.1　环境管理体系的背景

环境管理是随着科学技术的发展而产生的。科学技术的发展既带来了繁荣也带来了环境保护问题。环境保护的意识随着不断发生的环境问题的严重性，而开始被许多国家所重视。

联合国于 1972 年发表了《人类环境宣言》。1992 年，又召开了环境与发展大会，发表了《关于环境与发展的宣言》（里约热内卢宣言）、《21 世纪议程》《联合国气候变化框架条约》《联合国生物多样化公约》等。联合国的宣言提出了环境保护的重要性，提出了可持续发展的战略思想，得到了与会国家的承认，成为一个逐步形成的各国共识。

1993 年，国际标准化组织成立了环境管理技术委员会，开始了对环境管理体系的国际通用标准的制定工作。1996 年，公布了 ISO 14001《环境管理体系规范及使用指南》，以后又公布了若干标准，形成了体系。我国从 1996 年开始就以等同的方式，颁布了《环境管理体系规范及使用指南》，2015 年国际标准化组织颁布了 2015 版环境管理体系标准。

12.7.2　环境管理体系的有关概念

总承包项目环境的设计、采购、试运行的管理内容比较复杂，术语是其管理基础条件。环境管理的主要术语有以下几个：

（1）环境：组织运行活动的外部存在，包括空气、水、土地、自然资源、植物、动物、人，以及它们之间的相互关系。

（2）环境因素：一个组织的活动、产品和服务中能与环境发生相互作用的要素。

（3）环境影响：全部或部分的由组织的环境因素给环境造成的任何有害或有益的变化。

（4）环境管理体系：组织管理体系的一部分，用来制定和实施其环境方针，并管理其环境因素。

（5）环境目标：组织依据其环境方针规定的自己所要实现的总体环境目的。

（6）环境绩效：组织对其环境因素进行管理所取得的可测量结果。

（7）环境指标：由环境目标产生，为实现环境目标所须规定并满足的具体的绩效要求，它们可适用于整个组织或其局部。

（8）污染预防：为了降低有害的环境影响而采用（或综合采用）过程、惯例、技术、材料、产品、服务或能源以避免、减少或控制任何类型的污染物或废物的产生、排放或废弃。

12.7.3　环境管理体系的建立和实施

项目建立环境管理体系的步骤是：最高管理者决定，建立完整的组织机构，人员培训，环境评审，体系策划，文件编写，体系试运行，企业内部审核，管理评审。

项目管理者应制定本项目的环境目标和要求，内容应包括"三个承诺和一个框架"。三个承诺是指承诺持续改进、承诺污染防治和承诺遵守有关其他要求；一个框架是指提供建立和目标、指标的框架。

项目经理要为体系的实施与保持提供必备的资源以及所在地的技术支持。

（1）环境管理体系要求对人员的培训应包括以下最基本的内容：

1）提高认识的内容：要使全体员工认识环境问题的重要性，国家或地方法律、法规、标准，本组织的环境方针政策，现行状况的差距。

2）提高环境技能的内容：了解岗位的环境因素及其影响，掌握减少环境影响的技能技术，紧急状况应采取的措施。

3）明确工作内容及程序的内容：明确工作内容及程序的内容，明确报告路径，违背工作程序的后果。

环境评审的作用是通过评审方法来确定自己的环境状况，要对组织所具有的一切环境因素进行识别和评价，以此作为建立环境管理体系的基础。

（2）评审范围应覆盖下列四个关键方面：

1）法律、法规要求。

2）重要环境因素的确定。

3）对所有现行环境管理活动与程序的审查。

4）对来自以往事件的反馈意见的评价。

在进行环境因素识别时，要考虑三种时态，即过去、现在和将来；要考虑三种状态，即正常、异常和紧急状态；还需要考虑六种情况，即对大气的排放、对水体的排放、废弃物的管理、对土地的污染、原材料与自然环境的使用以及当地其他环境问题和社区性问题（如噪声、光污染等）。

（3）项目部应对环境管理体系进行策划，编制体系文件。有关文件应包括：

1）过程信息。

2）组织机构图。

3）内部标准与运行程序。

4）现场应急计划。

（4）环境管理体系的文件化是环境管理体系的特点之一，其重要意义在于：

1）可以对环境管理体系的所有程序和规定在文件中固定下来。

2）有助于组织活动的长期一致性和连贯性。

3）有助于员工对全部体系的了解并明确自己的职责和责任。

4）完整的管理文件是体系审核评审和认证的基本证据。

5）可以展示本组织环境管理体系的全貌。

体系的试运行包括颁布文件，进行全员培训和实施。在实施一个阶段后要进行内部评审。进行审核的目的是判定环境管理体系是否符合预定的安排和标准的要求；判定体系是否得到了正确实施和保持；并将管理者报送审核的结果。

项目经理应按其规定的时间间隔，对环境管理体系进行评审，以确保体系的持续适用性、充分性和有效性。

建筑工程总承包项目要考虑在建筑的全寿命周期内，最大限度地节约资源（节能、节地、节水、节材），保护环境和减少污染，为人们提供健康、适用和高效的使用空间，与自然和谐共生的建筑。

12.7.4　环境的集成化管理

1. 设计采购环境管理

（1）节约能源。充分利用太阳能，采用节能的建筑围护结构以及采暖和空调，减少采暖和空调的使用。根据自然通风的原理设置风冷系统，使建筑能够有效地利用夏季的主导风向。建筑采用适应当地气候条件的平面形式及总体布局。

（2）节约资源。在建筑设计、建造和建筑材料的选择中，均考虑资源的合理使用和处置。要减少资源的使用，力求使资源可再生利用。节约水资源，包括绿化的节约用水。

（3）回归自然。绿色建筑外部要强调与周边环境相融合，和谐一致、动静互补，起到保护自然生态环境的作用。舒适和健康的生活环境：建筑内部不使用对人体有害的建筑材料和装修材料，室内空气清新，温、湿度适当，使居住者感觉良好，身心健康。绿色建筑的建造特点包括：对建筑的地理条件有明确的要求，土壤中不存在有毒、有害物质，地温适宜，地下水纯净，地磁适中。绿色建筑应尽量采用天然材料。建筑中采用的木材、树皮、竹材、石块、石灰、油漆等，要经过检验处理，确保其对人体无害。绿色建筑还要根据地理条件，设置太阳能采暖、热水、发电及风力发电装置，以充分利用环境提供的天然可再生能源。

2. 建筑设计

（1）建筑节地设计。珍惜和合理利用每寸土地，是我国的一项基本国策。从建筑的角度出发，节约用地就是建房活动中最大限度少占地表面积，并使绿化面积少损失、不损失。节约建筑用地，并不是不用地，不搞建设项目，而是要提高土地利用率。在城市中节地的技术措施主要是：建造多层、高层建筑，以提高建筑容积率，同时降低建筑密度；利用地下空间，增加城市容量，改善城市环境；城市居住区，提高住宅用地的集约度，为今后的持续发展留有余地，增加绿地面积，改善住区的生态环境；在城镇、乡村建设中，提倡因地制宜、因形就势，多利用零散地、坡地建房，充分利用地方材料，保护自然环境，使建筑与自然环境互生共融，增加绿化面积；开发利用节地建筑材料。

（2）建筑节约能源设计。由于北方寒冷气团的频繁侵袭，与世界同纬度地区相比，我国冬季气温低得多。冷天时间又相当长，因而供暖度日数较大，特别要比欧洲国家大很多。在如此严酷的气候条件下，搞好建筑保温，并提高供暖设施的热效率，对于改善我国人民冬季室内的热环境，节约供暖用能源，具有特别的意义。因此，提高建筑物的隔热性能和空调设备的制冷效率，是建筑节能的基本条件，必须重视。绿色建筑节约能源技术按照内容可分为建筑外围护结构节能技术、采暖节能技术、空调通风节能技术、绿化节能技术、建筑的体型、朝向及平面布置等几个方面。北方的冬季采暖主要采用集中供暖。热源供给主体是热力公司或小区锅炉房。随着清洁能源的使用及新技术、新产品的出现，使采暖方式的多元化选择成为可能，使集中供暖方式的垄断地位受到挑战，采暖、热水一体化的独立分户采暖等方式纷纷出现。各地应根据当地气候、能源条件和建筑情况，发展采用适宜的节能采暖方式，如辐射采暖，主要依靠供热部件与结构内表面间的辐射换热为各房间供热（冷），热舒适增加，减少了房间上部温度升高增加的无效热损失，因此可节省采暖能耗。

（3）建筑设计要考虑应用环保节能材料和高新施工技术。绿色建筑是一个能积极地与环境相互作用的、智能的、可调节系统。因此，它要求建筑外层的材料和结构：一方面作为能源转换的界面，需要收集、转换自然能源，并且防止能源的流失；另一方面，外层必须具备调节气候的能力，以消除、减缓甚至改变气候的波动，使室内气候趋于稳定。而实现这一理想，在很大程度上必须依赖于未来高新技术在建筑中的广泛运用。

1）建筑合理使用建筑材料、就地取材（主要是木材）。尽量使用对人体健康影响较小的建筑材料，包括无放射、低挥发、低活性材料。另外，对油漆、胶水、黏合剂、地板砖、地毯、木板和绝缘物的选择，除了要考虑性能优良外，还要强调没有毒性物质的释放。

2）注重对外墙保温节能材料的使用。外墙保温节能材料属于保温绝热材料，仅就一般的居民采暖的空调而言，通过使用绝热维护材料，可在现有的基础上节能 $50\%\sim80\%$。

3）绿色建筑主张太阳能等可再生能源的利用。例如：利用空调冷凝热作为生活热水的辅助热源，利用太阳能和地热能产生的热水作为日常生活用热水；利用太阳能光电系统来支持日常生活用电；在混凝土中埋设光导纤维，可以经常监视构件在荷载作用下的受力状况，使自我修复混凝土可得到实际应用；建筑物表面材料，通过多功能的组织进行呼吸，可净化建筑物内部的空气，并降低温度；形状记忆合金材料可用于百叶窗的调整或空调系统风口的开阔，自动调节太阳光亮；建筑物表面的太阳能电池可提供采暖和照明所需要的能源。无论使用何种技术，绿色建筑总是立足于对资源的节约、再利用、循环生产等几个方面；其次，绿色建筑的形式必须利于能源的收集，建筑的外层将不再是"内部"与"外部"的分界线，而将逐步成为一种具有多种功能的界面。绿色建筑的材料和形式将是多样的，尤其是外层材料将是高度综合、高效多功能的。而随着高新技术的发展，建筑行业将最大限度地吸收各种先进技术，创造一种能更加适合居民生活的、与大自然高度和谐的高科技建筑环境。

（4）建筑追求自然、建筑和人三者之间和谐统一。建筑核心内容是尽量减少能源、资源消耗，减少对环境的破坏，并尽可能采用有利于提高居住品质的新技术、新材料。要有合理的选址与规划，尽量保护原有的生态系统，减少对周边环境的影响，并且充分考虑自然通风、日照、交通等因素。要实现资源的高效循环利用，尽量使用再生资源，尽可能采取太阳能、风能、地热、生物能等自然能源。尽量减少废水、废气、固体废物的排放，采用生态技术实现废物的无害化和资源化处理。控制室内空气中各种化学污染物质的含量，保证室内通风、日照条件良好。

建筑节能设计，其目的就是通过一定的建筑构造做法，选择合适的建筑材料，达到减少能耗，节约热量、冷量、电能、燃料等目的，同时也要保证一定的舒适程度。如我国建筑采暖，外墙的耗热量为气候条件接近的发达国家的 $4\sim5$ 倍，外窗为 $1.5\sim2.2$ 倍，门窗透气性为 $3\sim6$ 倍，屋顶为 $2.5\sim5.5$ 倍，总耗能是 $3\sim4$ 倍。

12.7.5 工程文明施工和环境保护

文明施工和环境保护都需要建立相应的机构，并组织定期或不定期的检查，发现问题，及时纠正。文明施工和环境保护还涉及施工现场的相关方。因此应当征求相关方的意见，创造良好的施工现场面貌。

文明施工是指在施工现场管理中，要按现代化施工的要求，使施工现场保持良好的施工环境和施工秩序。它是施工现场的一项重要的基础工作，也是施工企业对外的一个窗口。

文明施工包括安全生产、工程质量、环境保护、劳动保护等综合性的管理要求，文明施工创建活动可充分体现施工企业的管理水平。目前文明施工已发展到创建文明工地的活动，文明工地是建筑行业精神文明和物质文明建设的最佳结合。各地对文明工地的创建都有各自具体的要求和激励机制。施工现场应当听取有关部门的意见，努力达到文明现场的标准。

现场文明施工的基本要求是：

（1）工地主要人口要设置简朴规整的大门。门边设立明显的标牌，标明工程名称、施工单位和工程主要负责人姓名等内容。现场道路要保持畅通，不得侵占。

（2）建立文明施工责任制。划分区域，明确管理负责人，实行挂牌作业，做到现场清洁整齐。

（3）施工现场场地平整，道路畅通，有排水措施，基础、地下管道施工完后要及时回填平整，清除积土。

（4）现场施工临时水、电要有专人管理，不得有长流水、长明灯。

（5）施工现场的临时设施，包括生产、办公、生活区、仓库、料场以及照明、动力线路，都要严格按施工组织设计确定的施工平面图布置，搭设或埋设整齐。

（6）砂浆、混凝土在搅拌、运输、使用过程中，做到不洒、不漏、不剩。盛放砂浆、混凝土应有容器或垫板。

（7）施工现场要做到清洁整齐，活完料净，工完场地清，及时消除工作面上的杂物。

（8）要有严格的成品保护措施，严禁损坏污染成品，堵塞管道。严禁随地大小便。

（9）根据工程地点搭设符合要求的围挡，保持外观清洁。

（10）施工现场严禁居住家属，严格禁止居民、家属、小孩在施工现场穿行、玩耍。

（11）现场应当设置符合要求的职工膳食、饮水、洗浴等生活设施。

12.7.6　环境保护

环境保护是我国的一项基本国策。环境保护是指保护和改善施工现场的环境，要求工程总承包项目企业按照国家、地方的法律、法规和行业、企业的要求，采取措施控制施工现场的粉尘、废气、固体废弃物以及噪声、振动等对环境和污染和危害，并且注意对资源的节约。

环境保护的重点是防止水、气、声、渣的污染。但还应结合现场情况，注意其他污染，如光污染、恶臭污染等。

防止水污染应做到防止水源污染和地下水污染。要禁止将有毒废弃物作为土方回填。

搅拌站废水、现场电石废水、冲车废水等要经过沉淀处理，再排入城市下水道，有条件的可进行回收利用。现场存放油料，必须对地面进行防渗处理。使用时，要采取措施，防止油料跑、冒、滴、漏，污染水体。临时食堂的污水排放时可设置简易的隔油池，定期掏油和杂物，防止污染。工地临时厕所应尽量采用水冲式厕所，如条件不允许时应加盖，并有防蝇、灭蚊措施，防止污染环境。

防止大气污染应做到工地茶炉、炉灶、锅炉应采用具有消烟除尘功能的型号。进入现场的机动车要经过检查确定尾气排放是否符合规定。

防止施工现场的噪声应做到控制人为噪声，施工现场不得高声喊叫、不得从高处丢扔物品。要限制高音喇叭的使用。一般城市均有晚间禁止噪声的规定，应予遵守。确系特殊情况必须昼夜施工时应与有关方面协商，求得谅解。

从声源上降低噪声是防止噪声的根本措施，降低噪声的方法有：

（1）尽量选用低噪声的设备和先进工艺代替高噪声的设备和工艺，如低噪声空压机、免振捣混凝土等。

（2）在声源处安装消声器。主要是在排气管上安装各种合适的设施。

（3）采用吸声、隔声、隔振、阻尼等声学处理措施，降低噪声。

防止固体废物的污染应做到现场垃圾渣土要有固定堆放地点，定期清运出场。高层建筑物和多层建筑物清理楼层垃圾时要搭设封闭式专用垃圾道，以供施工使用，严禁凌空随意抛撒。施工现场道路在有条件时可利用永久性道路，如无条件时也应做硬化处理，并做洒水清扫，防止道路扬尘。对于散装材料应采用入库存放的方式。露天堆放的砂子应加以苫盖。

运输车辆不应超装。现场出口应有水冲洗车设施。

要防止光污染。施工现场夜间灯光应控制使用，灯光不得朝向附近的居民住宅区。进行电焊作业时应有必要的遮挡。

要防止恶臭。施工现场应采取有效措施，禁止焚烧沥青、油毡、橡胶、皮革、建筑材料垃圾以及其他产生有毒有害烟尘和恶臭气体的物质，防止污染环境。

环境保护在节能降耗方面的工作包括控制能源的消耗和节约资源。

有条件的现场应设立能源计量分表，对各个分包规定能源指标。要控制施工现场办公用纸的消耗，尽量双面使用。现场夜间照明应有定时开启灯光管理规定，办公室夜间做到人走灯灭。

节约资源包括制定建筑材料使用指标，防止建筑材料浪费。更要特别重视对施工工艺的选择，合理的施工工艺能大幅度地减少能源消耗和缩短工期。

第 13 章　项目试运行及项目收尾管理

13.1　工程总承包项目试运行与收尾管理

（1）试运行与收尾管理是工程总承包项目管理的关键性过程。其中机械竣工标志着施工阶段的结束，是试运行工作的起点，也是工程项目管理权逐步由总承包方向业主转移的开始。承包商应建立并实施项目收尾工作制度，当项目完成或由于特殊原因必须停止时，启动项目收尾工作。试运行工作是工程总承包项目管理的重要环节。

（2）项目收尾工作包括合同收尾和管理收尾等工作，承包商要按规定做好相关计划和文件的编制。承包商应做好项目竣工试验、验收、移交和项目竣工决算、决算审计过程中的资料整理、编制、备份和移交等工作。

（3）承包商应及时要求业主在项目竣工验收后出具临时项目接收证书（Provisional Take-over Certificate），质保期考核后出具最终项目接收证书（Final Take-over Certificate）。

13.2　项目试运行：机械竣工和竣工试验

（1）总承包商在项目机械竣工后，开展项目的单机试运行、联动试运行等竣工试验工作，并及时根据合同服务范围向业主提出中间交接申请。承包商应由项目经理组织建立试运行的组织机构，配备各岗位人员包括试运行经理、试运行工程师、试运行培训工程师及HSE工程师等，编制合理的试运行计划及试运行方案，承包商还应做好业主和参与各方的责任分工及协调计划。

（2）试运行方案内容包括：工程概况，编制依据和原则，试运行应具备的条件，组织指挥系统，试运行进度安排，试运行资源供给，安全、环保设施投运及职业卫生健康要求，其他应对措施等。

（3）总承包商在完成单机试运行后，应及时向业主申请办理中间交接程序。中间交接工作由业主组织验收，并准备中间交接验收证书及附件，业主、承包商等单位在交接证书上签字确认。项目中间交接后，承包商还应负责解决交接单列出的遗留问题。

（4）联动试运行由业主组织和指挥，承包商负责技术指导和协助。承包商要会同业主等相关方整改联动试运行中发生的问题、暴露的缺陷。修改并重试达到合格后，承包商应要求业主等参加部门在相应文件上签署确认。

13.3　竣工后试验

（1）竣工后试验过程中将打通流程，达到满负荷试生产，实现合同中规定的质量指标和经济指标，同时还应及时消除试运行中暴露的缺陷。

（2）竣工后试验由业主负责组织、指挥。承包商试运行经理领导的团队作应为指导人员参加试验，负责及时解决试验中出现的各种技术问题，及时协助业主的操作人员排除各种故障。承包商应根据经验在合同中明确竣工后试验的时间。竣工后试验的开始日期应由承包商和业主共同确定。

（3）承包商在竣工后试验过程中还应按照规定测定数据、做好记录，按规定程序制作各种报表、报告。

13.4 项目验收和移交

（1）项目验收和移交工作必须认真实施。当项目通过试运行和竣工实验考核后，承包商应及时按规定和相应程序办理项目的验收和移交。

（2）总承包商应建立健全现场开车服务组织，监督检查并做好开车各阶段的服务工作，获得项目的竣工验收鉴定书，保证项目的顺利移交。项目移交后，即标志着项目管理权及风险的转移。

（3）在项目验收和移交前，总承包商应根据实际情况，做好项目验收和移交工作计划和准备工作。包括建立相应的组织机构，保证人员到位，与业主确立验收的时间点等。同时还要按规定做好竣工资料（包括 As - Built Drawing 等）、操作维修手册等的确认、修改和提交。具体实施应该注意：

1）只要不违反合同，总承包商在验收和移交阶段可以采取"成熟一项，验收一项"的方式开展验收工作。

2）项目竣工验收达标后，业主应向承包商出具（临时）项目接收证书，并提出项目竣工验收报告。验收报告包括项目概况，业主对项目勘察、设计、施工、承包商等方面的评价，项目竣工验收时间、程序、内容和组织形式，项目竣工验收意见等内容。项目完成质保期运行考核达标后，业主还应向承包商出具最终项目接收证书。

3）如果存在由于业主未按合同要求进行准备工作，或其他原因问题，对总承包商的竣工试验造成了干扰，从而导致承包商验收费用增加和竣工时间的延长，承包商应及时向业主索赔。

13.5 项目竣工决算和审计

（1）项目竣工后，如果业主要求编制竣工决算的，承包商应组织编制项目竣工决算。竣工决算是反应项目实际造价和投资效果的文件，可作为工程验收报告的重要组成部分。

（2）竣工决算表是竣工决算文件的重要组成部分，由竣工决算说明书和报表两部分组成。竣工决算说明书包括工程简介、概算批复及其执行情况、资金筹措情况、资金管理及工程结算情况、财务竣工决算情况、支付使用资产情况。报表包括竣工工程概况表、工程概算执行情况表、竣工决算财务总表、竣工工程建设成本表、交付使用资产总表。

（3）承包商编制竣工决算表应做好有关编制依据性文件资料的收集整理、工程对照、核实工程变动情况，重新核实工程造价、清理各项财务、债务和结余物资、对工程造价进行对比分析，并及时上报业主等单位审查。

（4）项目竣工决算审计是项目验收过程中的一项重要工作，审计结论将纳入竣工资料。

承包商应根据批准的项目设计文件审查有无范围外的工程项目，根据批准的预算审查建设成本是否超支，根据财务制度，审查各项费用开支是否符合规定，报废工程和应核销的各项支出损失是否经过有关机构审批同意，审查和分析投资效果，审查新增资产价值及固定资产移交情况。

13.6　质量保修及其管理

（1）质量保修管理十分重要。在承包商完成项目竣工验收及移交手续后，项目就进入了质量保修期。承包商应该根据相关法律法规的规定，与业主在合同中约定质量保修期。

（2）各种类型的总承包工程质保期略有不同，承包商需要根据行业类别与业主单位协商确定。石油化工类总承包工程质保期通常为 12 个月。承包商应将"工程质量保修书"中的工作纳入施工生产管理计划和质量管理体系，并按"工程质量保修书"约定的内容承担保修责任和承担经济责任。

（3）承包商在项目执行完毕后，应组织项目组成员对项目执行情况进行总结。大型项目还应召开项目总结大会，对项目的状态进行全面的、严格的审查及总结。承包商项目经理应编写项目总结报告，对项目交付结果的质量情况、团队工作情况、客户关系、项目合同执行情况以及在项目执行过程中成功经验和失败教训进行汇总。

13.7　项目考核评价

（1）项目竣工结算程序完成且顺利移交项目后，启动项目关闭程序。项目竣工验收阶段的项目竣工决算和项目竣工决算审计等工作将作为项目考核评价工作的参考。

（2）项目效益后评价是对应于项目目前评价而言的，是在实质项目竣工后对项目投资经济效果的再评价。项目管理后评价是指当项目竣工以后，对前面项目管理工作的评价。承包商在项目考核评价过程中，应针对项目投入运营中出现的问题提出改进意见和建议。承包商应提前做好项目考核评价的策划工作，制定合理有效的评价方法和程序。

（3）承包商在项目执行过程中应制定相应的年度考核办法并编制年终考核报告，在项目投入运行后还应全面启动项目的考核评价工作，以确定是否达到项目预期目标和效益指标。

1）承包商应对项目进行考核评价，包括项目目标评价、项目实施过程评价、项目效益评价和项目可持续性评价等多方面内容。

2）项目考核评价的可持续性评价指标包括项目经济效益、项目资源合理利用、项目可改进性、项目环境影响、以及项目科技创新性等。

3）项目考核评价可为未来项目的执行提出建议，同时也为被评项目实施运营中出现的问题提出改进建议，从而达到提高项目效益的目的。

13.8　考核评价实务

（1）项目考核评价对于承包商来说，是一个总结过程。通过对项目目的、执行过程、效益、作用和影响所进行的全面系统的分析，总结经验教训，从而提高科学合理建设、管理项目的水平。

1）总承包商可采用综合评价法、对比法、分析法等方法进行项目考核评价，并编制项目考核评价报告。项目考核评价报告由摘要、项目概况、评价内容、项目各方面变化及原因、经验教训、结论和建议等部分构成。

2）综合评价法是通过投入、产出、直接目的、宏观影响四个层面对项目进行分析和总结。

3）对比法是从项目合同的订立及实施效果方面，以项目合同所确定的目标和各项指标与项目实际实施的结果之间的对比为基础进行分析和总结。

4）分析法是对项目周期中几个时点（项目立项、项目评估、初步设计、合同签订、开工报告、概算调整、完工投产、竣工验收等）的指标值进行比较，以此为基础进行分析和总结。

（2）总承包商应主动建立项目结束后的定期回访制度，并编写回访报告。项目回访结果反映的项目执行情况，可以作为项目考核评价的参考，也可以保证项目考核评价的正确性。

第 14 章　总承包项目应急准备与响应管理

设计、采购、施工、试运行是工程总承包项目的重要组成部分，每个部分都存在明显的特别风险，应急准备与响应是相应非常关键的应对工作。本章专门研究全过程、包括试运行的应急准备与响应工作。

14.1　项目应急准备与应急响应策划

14.1.1　建立预案编制团队研究

由于工程总承包项目的风险，可能在全过程产生各种事故，包括设计、采购、施工、试运行过程风险比较大。重大事故的应急救援行动涉及不同部门、不同专业领域的应急各方，因此需要工程总承包企业组织一个专门的预案编制团队，统一组织施工现场有关部门和企业有关部门制订应急预案，一则可以弥补临时性存在的项目部在编制预案中的经验不足；二则施工企业在投标过程中可以通过现场踏勘等手段，先于后来成立的项目部掌握有关周边情况；三则有利于寻求与危险源直接相关的各方进行合作。

应急预案编制人员应具备相应的专业技能，熟悉了解现场施工所涉及的国家基本规范、标准及试运行现场的安全要求。应具有与工程规模、施工技术难度等相匹配的工作经验及技能水平，并应取得相应的职业资格证书或职称证书。

应急预案编制人员应当充分掌握工程概况、施工工期、场地环境条件，并对施工图设计及施工组织设计等有充分的理解，根据工程的结构特点，科学地选择施配备应急物资、应急设备，编制切实可行的应急预案设计。

应急预案编制人员应能够充分针对工程的特点，进行紧急状态危险源识别和评价。并根据应急目标的制定，结合危险源识别和评价结果，进行应急预案设计。

应急预案编制人员应对国家和地方的环境法律法规及其他要求等，并掌握对施工中所采用的技术标准措施要求和相应的专业技术知识等，并掌握企业的相关要求。确保所编制的应急预案的合规性。

应急预案编制人员，还必须了解施工工程内部及外部给施工带来的不利因素，通过综合分析后，制定具有针对性的应急措施，使之能起到减轻环境污染、减少伤害和降低损失的作用。

14.1.2　应急预案的准备和应急内容的策划

由于应急事故发生的风险概率明显不同，施工现场没有必要对所有可能发生的事故都编制应急预案，因此要根据各自的实际在上述灾害性事件中筛选出需要进行重点管理的可能性事故。施工现场的风险评估的目的就是通过分析事故的可能性与损失的大小，来确定是否要进行相应的应急准备。风险评估的结果不仅有助于确定需要重点考虑的危险，提供划分预案编制优先级别的依据，而且也为应急预案的编制、应急准备和应急响应提供必要的信息和资料。

1. 紧急情况的识别

要调查所有的紧急情况并进行详细的分析是不可能的。紧急情况识别的目的是要将试运行现场可能存在的重大危险因素识别出来，作为下一步危险分析的对象。紧急情况识别应分析本地区的地理、气象等自然条件，施工对象、施工方法试运行等的具体情况，总结本地区、本企业以及建筑行业历史上曾经发生的重大事故，来识别出可能发生的自然灾害和重大事故。紧急情况识别还应符合国家有关法律法规和标准的要求。

2. 脆弱性分析

这是应急方案的关键内容。本章根据安全工程理论的基本理念，确定脆弱性是指一个事物的薄弱点。从应急管理来讲，脆弱性是试运行活动的薄弱环节，脆弱性实际上是应急救援活动的对象。应急管理的基本内容正是脆弱性分析。

脆弱性分析要确定的是一旦发生危险事故，哪些地方容易受到破坏。具体来说，脆弱性分析结果应提供下列信息：

（1）受事故或灾害严重影响的试运行区域，以及该区域的影响因素（如地形、交通、风向等）。

（2）预计位于脆弱带中的人员数量、工种以及可能波及的外部人员情况（如居民、职员，敏感人群——医院、学校、疗养院、托儿所）。

（3）可能遭受的污染导致的财产破坏，包括基础设施（如水、食物、供电、医疗）和运输线路。

（4）可能的其他环境影响。

脆弱性分析的核心是准确预测和确定容易被破坏的地方和部位。针对脆弱性分析提出系统性分析方法，简称"LXT"方法。

（1）根据试运行危险源识别信息与风险评价的信息，在现有控制措施的基础上分析环境因素和危险源发生事故的特性。

（2）依据风险发生的可能性，建立相关的数学预测模型，或组织相关专家使用定性方法分析。

（3）确定分析过程，验证相关脆弱性结果。

其中数学模型可以按照危险源的特点建立模型。因此需要大量的应急管理的历史数据。比如：从事脚手架搭设导致的高处坠落，可以根据脚手架安全施工方案的荷载结算结果，建立相关的脆弱性预测数学模型。从搭设方法、荷载方式、荷载内容等进行综合分析，确定具体的脆弱性部位。因此应组织建立行业的数据库，逐步形成相应的脆弱性预测数学模型，并逐步确定相关的脆弱性分析公式。

同时，脆弱性分析还应该考虑企业层面的脆弱性环节，分析企业应急救援活动（含社会救援）与施工现场应急救援的接口脆弱性问题。

3. 风险分析

风险分析是根据脆弱性分析的结果，评估环境事故或灾害发生时，对试运行现场及周边造成破坏（或伤害）的可能性，以及可能导致的实际破坏（或伤害）程度。在数学上，风险表现为事故发生的可能性与其损失的乘积。通常可能会选择对最坏的情况进行分析。

风险分析最终应提供下列信息：

（1）发生事故和环境异常的可能性，或同时发生多种紧急事故的可能性。

（2）对人造成的伤害类型（急性、延时或慢性的）和相关的高危人群。

（3）对财产造成的破坏类型（暂时、可修复或永久的）。

（4）对环境造成的破坏类型（可恢复或永久的）。

目前要做到准确分析事故发生的可能性是不太现实的，一般不必过多地将精力集中到对事故或灾害发生的可能性进行精确的定量分析上。可以用相对性的词汇（如低、中、高）来描述发生事故或灾害的可能性，但关键是要在充分利用现有数据和技术的基础上进行合理的评估。这方面的研究工作已经成为需要应急管理的专家学者今后需要大力推进的系统工程。

4. 应急能力评估

依据危险分析的结果，对已有的应急资源和应急能力进行评估，包括企业及施工现场应急资源的评估，明确应急救援的需求和不足。应急资源包括救援人员能力，接受的培训和应急设施（备）、装备和物资等，应急支援的调动能力等。

应急计划（或预案）是对特定紧急情况发生时所采取测试的概括性描述。

如果应急响应活动需要外部机构的参与（如消防队、抢险队、110、120 救急等），企业可将相关参与内容明确形成文件，并向这些机构通报所参与的可能环境情况，为其提供所需信息以便更好地参与应急响应活动。

应急程序与预案都是指实施应急措施和行动的途径，如：应急疏散、危险原材料及人员伤害的应急措施程序、与外部应急服务机构的联系程序、至关重要的记录和设备的保护程序等。应急程序和应急预案进行有效协调。

应急预案与响应计划应该与企业的规模和活动的性质相适应，并符合下来要求：

（1）保证在作业场所发生紧急情况时，能提供必要的信息、内部交流和协作以保护全体人员的安全健康和减少环境影响。

（2）通知并与有关当局、近邻和应急响应部门建立联系。

（3）阐明急救和医疗救援、消防和作业场所内全体人员的疏散问题。

企业应制定评价应急预案与响应实际效果的计划和程序，并可根据实际情况定期检验上述程序和预案。

5. 一般应急预案应包括的内容

（1）项目场景描述。

（2）施工部署及主要施工工艺。

（3）可能发生的潜在事件和紧急情况。

（4）相关法律法规和标准规范要求。

（5）各种应急程序。

（6）应急方法。

（7）应急指挥与协调。

（8）应急测量和处理。

以上内容的风险往往在于每个因素之间的协调和匹配问题而没有得到有效解决。

14.2 应急准备的实施

应急管理的应急组织、管理职责是非常重要的，是应急管理的核心内容。

1. 应急的组织模式

由于工程总承包企业的生产经营特点，在应急处置过程中，工程总承包企业适宜参照日常行政管理模式，形成分层、树状指挥体系，并按事件后果分级标准实施相应级别的行政干预。这种管理模式的优点是效率比较高，运行质量好。

企业总部以应急区域的各个项目为节点，形成扁平化应急网络，各应急节点的运行均以事故指挥系统、多机构协调系统和应急信息系统为基础。以事故规模、应急资源需求和事态控制能力作为请求上级政府响应的依据。

（1）当地政府或周边地区提供的增援到达该项目后，接受该项目地方政府的领导和指挥。

（2）企业应急管理机构只是该网络节点之一，主要为项目的应急工作提供支持和补充。

（3）企业领导和应急人员到达现场后，并不取代施工现场的指挥权，而是根据施工现场的要求，协调相应资源，支持其开展应急救援活动。

（4）跨区域应急时，企业总部负责组织相关部门和地区拟定应急救援活动的总体目标、应急行动计划与优先次序，向各应急项目提供增援，但不取代施工项目的指挥权。

2. 工程总承包企业的应急机制

完善的企业从总承包应急管理机制的基本特点应该是统一管理、属地为主、分级响应、标准运行。

"统一管理"是指自然灾害和工程事故等各类重大突发事件发生后，一律由企业各级应急管理部门统一调度指挥，而平时与应急准备相关的工作，如培训、宣传、演习和物资与技术保障等，也归到企业的应急管理部门负责。这种统一管理的好处在于有利于提高应急管理的效率，节约企业资源。

"属地为主"的基本原则是指无论事件的规模有多大，涉及范围有多广，应急响应的指挥任务都由事发地的项目来承担，企业与上一级政府的任务是援助和协调，一般不负责指挥。企业应急管理机构很少介入项目的指挥系统，在性质严重、影响广泛的重大事件应急救援活动中，也主要由项目和区域公司作为指挥核心。属地管理的最大好处在于保证应急响应的有效性。

"分级响应"强调的是应急响应的规模和强度，而不是指挥权的转移。在同一级事故的应急响应中，可以采用不同的响应级别，确定响应级别的原则：一是事件的严重程度；二是社会的关注程度，如一般工程或交通事故，虽然难以确定是否发生重大破坏性事件，但由于公众关注度高，仍然要始终保持最高的预警和响应级别。

"标准运行"主要是指从应急准备一直到应急恢复的过程中，要遵循标准化的运行程序，包括物资、调度、信息共享、通信联络、术语代码、文件格式乃至救援人员服装标志等，都要采用所有人都能识别和接受的标准，以减少失误，提高效率。标准运行是保持应急管理水平的基本条件。

3. 总承包企业的应急组织和管理职责

在上述机制的基础上，建工程总承包企业的应急组织包括总部的应急工作小组和二级单位或项目的应急小组。

企业内的应急组织之间必须在组织的应急程序中明确规定彼此的应急工作程序和应急授权。

企业总部的应急工作小组应由第一负责人担任，总部各部门负责人作为工作小组的成员，负责在企业层面上保证应急准备和救援工作的实施，确保企业上下的应急资源，应急组织，应急方法的到位。

试运行现场的应急管理工作小组应该以项目经理为核心构建管理职责，确保项目应急工作的有效开展。

4. 应急预案的编制、应急交底和应急培训

设计、采购、施工，特别是项目试运行过程，应急预案、应急交底和应急培训应该一体化实施，做到预防为主。

（1）应急预案。应急预案由企业或项目经理领导下，依照项目策划的目标和指标，综合考虑项目结构特点及制约因素，科学地进行编制。应急预案一般应在目标指标相应的试运行活动开始之前两周完成编制工作，并应在作业活动开始之前一周完成应急预案的审批、评审及修订完善工作，形成文件并下达。在作业活动开始之前完成应急预案的交底及培训工作。企业层面的应急预案重点在企业范围内规定应急支援的调动授权、程序和方法，包括必要时与社会有关方面的应急救援，联系渠道和方法等。

在应急预案初稿编制完成后，应经过项目技术、质量、安全、物资、财务、合约等部门综合评审，对方案中涉及的技术措施及设备设施及资金需求进行评审，提出可行性分析意见，保证应急预案的可行性，并由上级公司生产安全部门负责审批。必要时应通过外部专家的论证确认，保证应急预案实施的安全性。施工现场的应急预案经施工单位审批完成后，应报送监理单位总监理工程师签字确认后实施。

（2）应急交底。应急预案编制审批完成后，每项作业活动操作前，项目部应组织土建施工、设备安装、装饰工程等相关作业人员针对每项作业活动所涉及重大危险源的应急控制措施、操作基本要求，火灾、爆炸、化学品泄漏、设备试车、高处坠落、物体打击、坍塌、触电等事故，中暑、中毒、台风、泥石流等地质灾害的应急准备响应中的注意事项，必要的应急救援技能，应急设施设备的布置和使用方法，紧急疏散通道的位置和疏散方法，自救互救的要求等进行专项交底或综合交底包括以上方面的内容，避免因作业人员的不掌握职业健康安全方面的基本应急准备和响应要求，造成紧急情况下响应措施不当，造成人员伤亡、财产损失的增加。交底必须由双方签字确认，项目部安全员监督实施。

企业层面的应急预案同样应该实施交底，重点针对企业总部与施工现场的接口环节进行沟通和交流。

（3）应急培训。应急培训是确保施工现场应急预案得到正确理解的重要手段。编制应急预案固然重要，但如果不对相关人员进行必要的应急响应流程、应急救援知识等方面的培训，再完善的应急预案也得不到有效的贯彻实施，也就起不到预防和降低紧急情况造成的危害和损失的目的。公司应定期为工人提供必要的环境与职业健康安全培训，举办消防演习，包括灭火演习和疏散演习，工人应明白工作中存在的职业危害和可能发生的意外事故，应懂

得基本的"三会"技能，即会报警、会疏散、会使用灭火器。

应急培训的范围应包括施工现场所有相关人员，既包括各类应急响应小组的人员，也包括在潜在的紧急情况发生地点作业的人员。对应急响应小组人员的培训，重点是不同紧急情况下的响应措施和流程，以及各自分工的工作内容。对作业场所其他人员的培训，重点是应急响应信号、人员疏散路线，以及必要的自我逃生知识。

应急培训的方式多种多样，可以集中培训，也可以分专业、分工种单独培训，还可以通过宣传栏、板报等广泛宣传教育，施工现场应根据自身的实际情况灵活采用。应急培训可以单独进行，也可以结合入场教育、班前活动、安全交底等一起进行。在选择培训方式时，要充分考虑接受培训人员的文化程度和工作特点，分层次进行。培训结束后，应通过一定的方式对培训效果进行评价，根据评价的结果决定是否需要采取进一步的措施，确保培训达到预期的效果。

14.3 应急响应的实施过程

应急响应的实施是十分复杂的问题，也是应急管理体系运行的重要过程。长期以来应急管理的响应时机，响应程序，人体功效和心理干预等问题的应用一致成为应急管理工作的重要难题。

14.3.1 识别在什么条件下开始实行响应

从救援的目的出发，只要准备得当，所有紧急情况都应该做出响应，但响应方式很多。如果在初级阶段，则应采取措施，消灭隐患，控制事态的发展；如果在事故的中级阶段，则一方面组织抢险，一方面寻求社会社区支援，防止事态的扩散；如果是事故后期，已无法控制，则要不惜一切手段疏散人员，确保人员不受伤害，如已发生人员伤亡，则在确保救援人员安全的前提下，展开人员抢救。

启动应急情况的响应是十分复杂的，但是事故报警、人员疏散和防止新伤害的发生是现场应急人员必须掌握和控制的应急事项。是否快速的展开救援则是应急指挥人员在现场应该考虑的问题。同时也应该果断的考虑相应的救援放弃。这里关系到应急理念和相应的价值观。

在应急的识别过程中，关键的环节是决策人员对于启动应急还是放弃应急的判断和把握，核心是事故的可应急性的识别和分析。可应急性是即可以实施应急活动的状态，在这种状态下应急是有价值的，否则就是没有任何的应急救援意义，或者说应该放弃救援。本节提出以下原则：

（1）可应急性的内容包括：事故的严重程度和特点，影响的范围，产生的损失情况，人员施救生还的时机和可能性，应急资源的适应程度等。

（2）只有具备可应急性才能果断的确定应急响应的条件。

（3）应急现场的救援人员的状态和集合速度是决定应急效果的重要因素，识别应急响应的准备时间与应急响应需求的风险是启动应急响应的基础性工作。

（4）应急响应的条件应该与企业的价值观紧密结合起来，做到以人为本。

（5）应急响应的条件是动态的、瞬息万变的，是可能在救援中发生变化的，因此救援的方式和决策应该是动态的。

应急响应启动与运作的重点是：施工现场突发情况的报警，企业范围应急资源的动员，企业应急响应的指挥和实施等。

14.3.2　明确和选择应急响应的程序

针对不同的潜在事故和紧急情况，制定有针对性的抢救措施。确保在紧急情况发生时，能按照所制定的措施展开救援行动。目前往往在施工现场由于应急响应程序的模糊化，导致应急风险的加大。

一般常见的应急程序如下：工程总承包企业负责人接到事故报告后，一是根据应急救援预案和事故的具体情况迅速采取有效措施，组织抢救；二是千方百计防止事故扩大，减少人员伤亡和财产损失；三是严格执行有关救护规程和规定，严禁救护过程中的违章指挥和冒险作业，避免救护中的伤亡和财产损失；四是注意保护事故现场，不得故意破坏事故现场、毁灭有关证据。生产经营单位发生重大安全生产事故时，单位的主要负责人应当立即组织抢救。

应急响应是在紧急情况发生时进行的应急救援过程，其目的是最大限度地防止或减少紧急情况导致的伤害和损失。应急响应的速度、流程和救援方法的适宜性和有效性至关重大，同样的事件或紧急情况，响应的速度、流程和救援方法不同，效果也不一样。在现实生活中，由于火灾报警不及时、救援措施不当等原因，使本不该发生的事故酿成惨剧的事例屡见不鲜。坍塌事故救援过程中，由于救援措施不当而在二次坍塌中造成更大伤亡或二次环境污染的情况也时有耳闻。正确的应急响应，应根据当时的实际情况迅速做出判断和决策，按照应急预案的规定和要求，协调有序地采取响应措施，减少环境的负面影响。

应急决策是决定应急成败的关键过程。应该把前面研究的相关价值观引入决策过程，充分体现污染预防、人文思想和以人为本的原则。具体应急响应过程应遵循以下原则：

（1）执行预案而不唯预案的原则。世上没有完全相同的施工现场，也没有完全相同的紧急情况。应急预案是根据识别的潜在的事件或紧急情况制定的，不可能与现场实际发生的紧急情况完全一样。正如军事演习不可能完全模拟实际战争场面，即使应急测试得再熟练，实际响应过程中也难免有不足。因此，在应急响应时，应根据实际情况加以判断，根据变化的情况及时做出调整。但这种调整不是随意的，也不是应急响应人员各行其事，而是经授权人员统一做出的响应部署。

（2）先救人后救物的原则。人的生命是最宝贵的。当紧急情况发生时，应首先抢救人的生命，尽最大能力避免或减少人员伤亡。在保证人的生命安全的情况下，尽力减少财产损失。学习为抢救国家财产而献出宝贵生命的人，更重要的是学习他们大公无私的精神；崇敬战争时期为国家利益而光荣牺牲的人，是他们的生命换来了胜利。但在建设工程的施工现场，没有什么比人的生命更宝贵，也没有什么比人的生命安全更重要。这里应该与前面的价值观的理念相一致。

（3）分工协作的原则。在应急预案中我们明确了各响应小组和人员的职责，目的是防止在应急响应过程中发生混乱。在紧急情况发生时，各相关应急响应人员应按照预案的安排，分别做好各自的工作。同时，还要发扬团结协作的精神，在做好自身工作的前提下，协助进行重大响应活动。现场应急指挥人员应随时掌握各项活动的进展情况，及时根据情况的变化做出调整。

应急响应和救援活动结束后，应对应急预案和应急响应过程的适宜性、有效性和充分性进行评审，识别应急预案和管理体系中存在的不足，并进行必要的修订完善，达到持续改进的目的。这种改进，不能仅限于发生事件和紧急情况的现场，施工企业应在其他类似现场中加以推广，扩大改进措施的覆盖面，使其发挥更大的作用，取得更好的效果。

14.3.3　其他应急行动的相关研究

在应急活动开始后应急小组成员应牢记分工，按小组行动，服从指挥。应急小组成员在接到报警后，带好随身抢险物品和个人安全防护用品迅速各就各位（规定就位时间）。但是与其中的就位时间相对的是应该在行动前进入相关的应急启动位置。

1. 建立应急救援安全通道体系

（1）应急计划中，必须依据施工总平面布置、建筑物的施工内容以及施工特点，确立应急状态时的救援安全通道体系，体系包括垂直通道、水平通道、与场外连接通道，并应准备好多通道体系设计方案，以解决事故现场发生变化带来的问题，确保应急救援安全通道能有效地投入使用。

（2）应急通道平面布置图张贴在现场醒目位置，在应急通道的出入口、转弯、分叉处张贴指示标志，随时保证应急通道的畅通。

2. 建立通信体系

应急预案中必须确定有效的可能使用的通信系统，以保证应急救援系统的各个机构之间有效联系。建立有效的通信体系，确保以下有关人员的通信联络畅通。

（1）应急人员之间。

（2）事故指挥者与应急人员之间。

（3）应急救援系统各机构之间。

（4）应急指挥机构与外部应急组织之间。

（5）应急指挥机构与伤员家庭之间。

（6）应急指挥机构与上级行政主管部门之间。

（7）应急指挥机构与新闻媒体之间。

（8）应急指挥机构与认为必要的有关人员和部门之间。

应急通信本身应考虑相应的方法的适宜性，即各种可能的突发情况可能导致的通信中断的风险。应该在应急准备中充分考虑先进手段与原始方法的计划，否则应急能力将会受到影响。

3. 建立受影响区域的疏散机制

对试运行场区周边情况进行仔细摸查，确立事故现场外影响区域的疏散路线和方向，形成行之有效的疏散通道网络。应急状态时，由应急小组组长决定下达应急疏散令。警戒保卫组引领受影响区域的居民从疏散通道网络疏散、撤退。

4. 建立交通管制机制

交通管制机制由事故现场警戒和交通管制两部分构成。

（1）事故现场警戒。事故发生后，对场区周边必须警戒隔离。其任务和作用是：保护事故现场、维护现场秩序、防止外来干扰、尽力保护事故现场人员的安全等。

（2）交通管制。事故发生后，及时通知交警部门，对事故发生地的周边道路实施有效的管制，其主要目的是为救援工作提供畅通的道路。

5. 现场急救

现场医疗救护组在外部救援人员未到达前或将伤者送医院前，对受害者进行必要的抢救，抢救前首先对伤者的伤情进行检查和判断，然后进行有针对性的救援。

现场急救主要针对施工现场由于高空坠落、物体打击、坍塌事故、触电事故、机械事故、火灾事故、中毒中暑、化学品泄漏等意外事故造成人身伤害。

（1）现场急救的原则：

1）抢救伤者要及时，体现时间就是生命。

2）抢救方法得当，避免二次伤害。

3）实施现场急救与送医院救治相结合的原则。

4）送现场最近的医院救治的原则。

（2）现场急救的注意事项。

1）保持通信畅通，信息及时沟通。

2）确定事故类型、伤害形式和范围。

3）确定人员伤害情况。

4）掌握天气变化情况（电话咨询、气象预报）。

5）确定现有资源是否满足救援需要（人力、物资和设备），是否需要外援。

6）根据上述情况实施救援行动。

（3）应急救援行动中的人体工效学和心理学要求。在应急救援活动中往往需要现代管理科学理念的应用研究包括人体功效，心理安全，价值观等救援工程技术和文化理念的应用。

环境应急的企业文化与救援技术的科学结合，即企业安全文化的应用，企业安全价值观的应用，企业管理惯例的应用，人体功效理论的应用，心理安全方法的应用以及它们的结合应用。

人体工效学有时候又叫"人体因素"，它研究的是人，机械和环境相互间的合理关系。人体工效反映了人的文化素质、身体素质、灵敏性、胆量（技高胆大）、身体的强弱、高矮和胖瘦等，为了安全生产、适应环境、充分发挥人的特长，用科学的方法管理与使用人才，那么，各种岗位的安排就要充分考虑到人体工效，包括应急抢险和救援的岗位。比如，要从细小洞口进行救人，就应该考虑救援人员的身高要求；需要从狭窄区域展开救援行动，就应考虑人的胖瘦和高矮的问题。

需从试运行危险区域抢救伤亡人员，则要充分考虑救援人员的心理因素；如果发生人员被压被埋而受伤又不能马上救出时，则应对伤员进行开导和安慰；如伤员或救援者应突发情况而造成和心理伤害时，则应进行心理辅导等。

在应用人体工效学与心理学辅导的过程中，企业价值观、安全文化和惯例的应用往往是自然贯穿的。企业价值观、安全文化和惯例构造了救援活动的内在本质，救援活动中的人体工效学与心理学辅导则形成了沟通生命的桥梁。

（4）防止应急救援过程中发生二次伤害和二次污染。应急管理中的环境因素、危险源识别及风险评价的主要目的正是为了防止应急过程中发生的二次污染和伤害。

应急伤害和污染由两个方面：一是救援中对救援人员的伤害和污染；二是在救援中由于

救援方法的不适宜而导致的伤害和污染。

遇到紧急情况时，当事人往往会失去理智，救援人员也可能发生心理或行为时常，因此，在救援过程中，如不沉着冷静，则很容易造成受伤有人伤势加重或出现新的险情，使救援人员受到新的伤害和污染。这就要求整个应急救援过程应在统一指挥下，有序进行，必要时，应有明确的安全技术保证措施。比如：一旦现场指挥发现危险征兆时应迅即做出准确判断，及时下达撤退命令，避免造成人员伤亡和装备损失。扑救人员看到或听到统一撤退信号后，应立即撤至安全地带。

（5）事故调查和生产恢复。事故发生后，有关人员接到伤亡事故报告后，要迅速赶到事故现场，立即采取有效措施，指挥抢救受伤人员，同时对现场的状况做出快速反应，排除险情，控制污染，制止事故蔓延扩大，稳定人员情绪，要做到有组织有指挥。同时，要严格保护好事故现场，因抢救伤员、疏导交通、排除险情等原因，需要移动现场物品时，应当做出标志，绘制现场简图，并做出书面记录，妥善保存现场重要痕迹、物件，并进行拍照或录像。必须采取一切可能的措施如安排人员看守事故现场等，防止人为或自然因素对事故现场的破坏。清理现场必须在事故调查取证完毕，并完整记录在案后方可进行。同时，制定详细恢复生产技术方案。特殊情况，需立即恢复生产的，应取得批准，并确保现场音像记录清楚的前提下进行。

项目部有责任配合事故调查组进行事故调查和处理工作。并坚持做到"四不放过"原则，即必须坚持事故原因分析不清不放过；事故责任者和群众没有受到教育不放过；事故责任者没有受到严肃处理不放过；没有采取切实可行的防范措施不放过。

（6）心理干预工作的实施。在研究过程中，心理活动一直是救援和被救援人员的重要因素。为了保证应急的过程质量，心理活动的干预和治疗是随时应该配套实施的。心理干预应该建立在以人为本的基础上，构建人性化的价值观和世界观。必须考虑人的心理安全需要，把心理安全放在应急救援的重要目标。建议关键把握以下环节：

1）心理干预的必要性和时机。

2）心理干预人员的水平和素质。

3）心理活动的分析与干预。

4）心理干预的效果验证。

5）心理干预方法的改进。

在应急的特殊条件下，心理安全应该是心理干预的结果，否则心理干预还没有到位。

应急干预人员的水平是应该继续规定和考核的。一个没有资格的心理干预人员的行为可能是适得其反。

（7）应急过程的后续工作。在应急响应活动完成后面，工程总承包企业应该及时进行评价总结，以改进相关工作，预防相关风险。

第 15 章 总承包项目风险管理

15.1 项目风险管理的基本要求

15.1.1 项目风险管理原则与目的

工程总承包项目具有无处不在的风险，风险管理是工程总承包商项目管理的基础。工程总承包承包商应建立总承包项目风险管理程序。风险管理应遵循"全面管理，预防为主"的原则。

总承包项目风险管理包括风险识别与评价、风险应对与响应、风险控制、风险工作评价等过程。总承包项目团队应根据风险特点明确各层次相应管理人员的风险管理责任，减少各种可能的不确定因素对总承包项目的影响。

风险管理的目的是发挥项目参建人员的主观能动性，积极发现项目执行过程中可能存在的风险，有预见性的采取防范措施，从而有计划的减少或者避免风险发生的概率或者影响，增强项目对风险的预测与应变能力。

15.1.2 工程总承包项目部岗位在风险管理工作中的职责

工程总承包项目部岗位在风险管理工作中的职责见表 15-1。

表 15-1　　　　　工程总承包项目部岗位在风险管理工作中的职责

序号	岗位	职　责
1	项目总经理（经理）	（1）为项目风险管理提供资源 （2）协调解决项目提出的问题以及与其他部门，企业相关部门的问题
2	项目商务副总经理	协助项目总经理处理风险管理问题
3	项目技术部经理	负责项目地质勘察、技术标准、规范、方案、设计、图纸、试验检验、质量保证等方面的风险管理工作
4	项目工程部经理	负责施工现场组织、HSSE、施工进度、施工设备、施工人员方面的风险管理工作
5	项目商务部经理	负责合约、成本、保险、采购、法律法规等方面的风险管理工作
6	项目财务部经理	负责资金、税务、外汇、会计、成本发票等方面的风险管理工作
7	项目综合部经理	负责人力资源、后勤保障、团队建设、文件管理方面的风险管理
8	其他项目员工	配合部门经理开展风险管理工作

项目部应根据项目风险水平制定项目部的风险管理计划，并报公司批准。批准后，按手册开展项目风险管理工作。

15.1.3　风险管理部的监督

工程总承包项目部风险管理工作应接受企业风险管理部门的监督与指导。总承包商可设立风险管理部负责项目风险管理工作。风险管理部由风险管理经理负责。在项目风险管理工程中，应接受项目总经理的领导与监督。其他部门应对项目风险管理工作给予支持。

15.1.4　风险管理部的职责

（1）负责编制项目风险管理计划。
（2）负责在项目实施过程中组织项目风险的识别，评估以及重大风险的确定。
（3）负责制定重大风险的应对策略以及风险责任矩阵的编制。
（4）负责监督各职能部门重大风险应对措施的编制与审定。
（5）负责风险登记表的编制。
（6）负责在项目实施过程中跟踪风险的变化并维护风险登记表，确保风险应对措施的有效性。
（7）负责风险评审会的准备与组织。
（8）负责风险工作总结。
（9）负责向企业上报重大风险报告。

15.2　项目风险识别与评价

15.2.1　项目风险信息收集

（1）项目风险管理部门应依据总承包项目的多样性与复杂性，将项目风险按照项目阶段，项目结构，风险因素进行分解分类。
（2）项目应持续地收集与项目风险和风险管理相关的内部、外部信息，包括历史数据和未来预测。在风险因素方面，项目应收集以下方面的风险信息：
1）政治风险。包括政治局势风险，国家政策风险，恐怖主义风险。
其中：政治局势风险是工程总承包项目的基本考虑内容。项目所在地的政局是否稳定，地方政策风险。体制不合理，办事效率低，行业贪污腐败严重，破坏了公平的市场环境，加大了建设项目的运营成本和经营风险等；
2）法律法规风险。包括不同的作业时间规定、劳工法、税收政策。
3）经济风险。包括项目所在地的宏观经济政策、产业政策的调整，通货膨胀，汇率变动，市场的动荡，资金短缺。
4）社会文化风险。包括不同的人文社会环境、不同的宗教信仰。
5）业主风险。包括业主过度干预总承包商的设计，频繁更改业主要求，提高技术标准，报批拖延等。
6）技术标准风险。包括对不同标准的认识和理解，因不熟悉技术标准导致的后果。
7）一体化管理的集成风险。设计、采购、施工、试运行之间存在大量的界面搭接。
（3）项目利益相关方风险：来自于项目利益相关的组织，团体或者个人的风险。主要包括：

 1）业主风险。

 2）咨询工程师风险。

 3）供应商风险。

 4）分包商风险。

 5）代理风险。

 6）当地居民。

（4）总承包商内部管理风险：由于总承包商自身管理不善等原因给项目造成的风险。主要包括：

 1）投标风险。

 2）进度管理风险。

 3）技术/设计管理风险。

 4）质量管理风险。

 5）收入计量与成本管理风险。

 6）采购管理风险。

 7）现场管理风险。

 8）商务管理风险（合同，保险）。

 9）HSSE 风险。

 10）财务管理风险。

 11）项目经理部决策管理风险。

 12）人力资源管理风险。

 13）行政管理风险。

 14）文档管理风险。

15.2.2　项目风险识别

（1）项目风险识别应遵循如下原则：

1）项目识别应对风险因素进行全面分析，逐渐细化，最终形成初始风险清单。

2）项目识别应严格界定风险内涵并考虑风险因素之间的相关性。

3）项目识别宜关注总承包设计、施工、采购、试运行的工作界面的风险。

4）项目识别应考虑总承包项目集成化运行的风险。

5）风险的描述应充分体现总承包项目的风险管理特征。

6）风险识别应动态贯穿总承包项目整个实施过程。

7）风险识别随着项目不同实施阶段应有不同的识别重点。

（2）项目风险识别方法。

1）风险识别应当由项目组织实施，或聘请有资质、信誉好、风险管理业务能力强的中介机构协助实施。

2）风险识别可采用问卷调查法，集体讨论法，专家咨询法，情景分析法，政策分析、行业标杆比较，管理层访谈、由专人主持的工作访谈和调查研究等。

（3）项目风险识别程序。

1）风险识别启动会。

2）各部门进行识别。

3）项目风险识别整理。

4）分析风险集成影响。

5）形成风险识别清单。

（4）项目风险筛选。

风险筛选主要是针对识别出来的风险进行筛选，归类。主要处理如下情况：

1）设计、施工等不同部门可能对同一风险都进行了识别，可以进行合并。

2）针对识别的风险进行分析，研究总承包各个不同阶段的风险影响及其相互关系。

3）涉及多部门协作的总承包风险，需要同相关部门协商后确定。协商有争议的，由风险管理经理确定。

（5）项目风险识别成果。

1）风险识别成果应该清楚地表明风险类别、风险名称、风险因素描述、风险后果、风险状况等内容。

2）风险名称应是对风险的概括性描述。

3）风险因素描述宜列出产生风险的若干可能原因。

4）风险后果应包括设计影响、质量影响、工期影响、费用影响、声誉影响、人员伤亡等。

5）风险状况应对总承包不同阶段预计发生，出现征兆，已经发生等状况进行描述。

15.2.3　项目风险评价

（1）项目风险评价的内容。

1）风险因素发生的概率。

2）风险损失量的估计。

3）风险等级评估。

（2）项目应持续实施风险评价。

1）由项目负责实施。

2）聘请有资质，信誉好，风险管理业务能力强的中介机构协助实施。

（3）项目应在项目风险评估前确定风险评估的方法。风险分析和评价应将定性与定量的方法相结合。方法包括：

1）定性方法：问卷调查、集体讨论、专家咨询、情景分析、政策分析、行业标杆对比等方法。

2）定量方法：统计推论，计算机模拟，失效模式与影响分析，事件树分析等。

项目应在项目风险评估前确定风险的发生概率以及风险严重程度的划分标准。

15.2.4　项目重大风险确定，应对策略与风险管理偏好

（1）项目重大风险的确定。

1）由承包商或授权项目负责确定。

2）项目应在确定项目重大风险前选择重大风险的确定方法。可采用风险热力图，风险

评估值排序法。

3）项目重大风险确定后项目应编制重大风险清单。

（2）项目应根据项目特点统一确定风险偏好和风险承受度，可包括：

1）项目愿意承担哪些风险。

2）明确风险的最低限度和不能超过的最高限度。

3）确定风险的预警线及相应采取的对策。

（3）项目应根据自身条件和外部环境，围绕项目目标，确定风险偏好、风险承受度、风险管理有效性适宜的风险管理策略。

1）项目对总承包项目的战略、财务、运营和法律风险，可采取风险承担、风险规避、风险转换、风险控制等方法进行。

2）对能够通过保险、期货、对冲等金融手段进行理财的风险，可以采用风险转移、风险对冲、风险补偿等方法。

（4）在重大风险、风险管理偏好以及风险应对策略确定后，项目可编制相应风险管理文件。

（5）项目风险评价实施。项目风险无处不在。风险应该由各部门进行识别。

启动会后，各部门应组织进行风险识别，填写表格。并与规定时间内把风险识别表以及相关说明上报给项目风险管理部。

（6）项目风险评价案例。项目风险管理部应在项目风险评估前确定风险的发生概率以及风险严重程度的划分标准。风险严重程度划分标准样例见表 15 - 2。

表 15 - 2　　　　　　　　　　　　　风险严重程度划分标准样例

影响程度	分值	经济价值	人员健康安全	无形资产	环境	法律法规遵守情况
很高	5	对公司资产/利润的影响在 500 万美元以上	一次死亡 3 人（含）以上的重大安全事故	媒体广泛报道，引起国家注意，对公司商誉、地位、形象造成严重不良影响	无法弥补的灾难性环境损害；激起公众的愤怒；潜在的大规模的公众法律投诉	违犯国际公约、所在国家法律法规，所在地地方法规
高	4	对公司资产/利润的影响在 100 万（含）～500 万美元之间	造成 1 人以上人员死亡，或导致严重的职业病	大量媒体报道，引起公众注意，对公司商誉、地位、形象造成较大不良影响	造成主要环境损害，需要相当长的时间来恢复；大规模的公众投诉；应执行重大的补救措施	违犯所在地方法规、地方标准
中	3	对公司资产/利润的影响在 50 万（含）～100 万美元之间	造成人员伤残或导致职业病	本地媒体报道，对公司商誉、地位、形象造成一定的负面影响	对环境造成中等影响，需一定时间才能恢复；出现个别投诉事件；应执行一定程度的补救措施	违反公司程序要求
低	2	对公司资产/利润的影响在 5 万（含）～50 万美元之间	对人员健康造成损害，但不致构成伤残	少量媒体报道，对公司商誉、地位、形象造成暂时的负面影响	对环境或社会造成一定影响；应通知政府有关部门	违反部门文件要求

影响程度	分值	经济价值	人员健康安全	无形资产	环境	法律法规遵守情况
微小	1	对公司资产/利润的影响在 5 万美元以下	对人员健康损害微小	对公司商誉、地位、形象没有影响，或影响很小	对环境或社会造成短暂的影响；可不采取行动	违犯员工行为规范

（7）风险评估结果。

1）项目风险评估值。项目风险管理部应将每个风险的发生概率和风险严重程度的评估打分汇总后得到该风险的概率与严重程度平均得分，并计算概率与严重程度的乘积为项目风险评估值。

2）项目风险相对严重程度。对项目风险评估值做出相对比较，以确定建设工程风险的相对严重性。可将风险评估值的大小分成五个等级：①VL（很小）；②L（小）；③M（中等）；④H（大）；⑤VH（很大）。

15.3　风险应对与响应

15.3.1　项目风险管理的目标

（1）总承包项目应当确定风险管理目标，以进行风险的应对与响应。风险管理目标的确定应满足风险管理目标与风险管理主体（企业或建设工程的业主）总体目标的一致性要求以及目标的现实性、明确性和层次性要求。

风险管理目标的核心是使潜在损失最小并确保总承包全过程的稳定、集成和有效。

（2）风险管理的目标内容应确保：

1）将风险控制与总体目标相适应并在可承受的范围内。

2）遵守有关国家的法律法规。

3）项目有关规章制度和为实现经营目标而采取重大措施的贯彻执行，保障总承包管理的有效性，提高集成化管理的效率和效果，降低实现总承包目标的不确定性。

4）项目建立针对各项重大风险发生后的危机处理计划，保护企业不因灾害性风险或人为失误而遭受重大损失。

15.3.2　项目风险管理计划

（1）项目风险管理计划是十分重要的风险管理措施，由项目组织并实施。

（2）项目风险管理计划的内容有：

1）项目情况介绍。

2）项目风险管理目标。

3）项目风险管理组织机构与职责。

4）项目风险管理总体流程。

5）项目风险信息收集。

6）项目风险识别。

7）项目风险评估。

8）项目重大风险确定与风险管理责任矩阵。

9）项目风险应对措施要求。

10）项目风险的监控。

11）项目风险登记表及其维护。

12）项目风险管理工作总结。

13）项目风险管理工作审计。

15.3.3　主要风险点的应对与响应

（1）设计风险。

1）风险因素：设计延误，工程设计遗漏，设计缺乏深度，不符合当地相关规范标准，设计不满足业主要求，设计变更，设计工程量不确定或者失误，设计与施工脱节，设计成本超支，设备材料选型脱离市场情况等。

2）应对与响应措施：对设计分包进行资格审查，进行风险识别评估，选择最佳的设计分包推荐给业主；向保险公司投保职业责任险；对设计方案的标准，设备材料选型进行审查和评估；按照有关规范标准对设计图纸进行审核，推行限额设计。

（2）采购风险。

1）风险因素：采购设备不符合规范要求，采购违反合同或者当地的要求，采购价格偏高，采购需求和进度计划不合理，采购人员的经验不足，仓储管理混乱、堆放场地不足，采购招投标过程耗时过长，采购合同出现纰漏，供应商产品质量不合格，运输装卸过程中出现损坏，质检风险，厂家后续服务不到位等。

2）应对与响应措施：对采购分包商进行资格、诚信、质量体系审查；对采购人员进行施工图设计交底，对采购方案进行评估，选择最佳采购方案；建立科学的、分工合理的、配套成龙的招投标体系，确定一整套保证招投标有效运转的规范，同时，积极协调与业主之间的沟通；准确预计材料需用时间与数量，防止供应中断，影响工期；避免材料存储过多，积压资金，占用堆积空间。

（3）施工风险。

1）风险因素：地质风险，不可抗力风险，施工方案不适宜，施工设备选型不合适，施工工艺不合适，劳动力不足，现场生产组织不合理，施工未按设计进行，施工不满足当地环保要求。

2）应对与响应措施：加强地质勘探工作；做好自然灾害应急预案；对分包商进行资格审查，选在最佳施工分包；购买保险；重大施工方案要经过审查与评估，设备使用计划要有审查与评估，施工工艺要多方案进行比选，选择最佳施工工艺；施工要进行设计交底；做好施工环保评估。

（4）试运行风险。

1）风险因素：试运行未满足规范标准要求，试运行准备工作不足，操作人员不熟悉，误操作，人员安全，备料备件不足，配件潜在质量缺陷，不遵守操作规程。

2）应对与响应措施：做好试运行计划，检查备料备件准备情况，人员定岗，责任到岗，周密组织。

（5）合同管理风险。

1）风险因素：资金风险，组织协调风险，合同风险，决策风险。

2）管理措施：规范合同变更管理，加强复合型人才的引进与培养，实行采购保险。

（6）质量风险。

1）风险因素：质量管理过程缺失，质量管理制度不完善，质量管理制度执行不严格，使用了不合格原材料，施工工艺有缺陷，施工人员能力不足，施工未按照技术标准执行。

2）应对与响应措施：审查评估质量管理体系，严格执行质量管理制度，施工工艺执行评审程序，选择合格分包队伍，施工前进行技术交底并进行技术交底审查，质量竞优活动。

（7）工期风险。

1）风险因素：工作分解不合理，工期计划编制不合理，工程变更，外界滋扰，工程地质复杂，战争，施工安排不合理等。

2）应对与响应措施：围绕目标要求确保工期计划及时评审，搞好合同管理以及索赔管理，现场施工管理准确单位，选择合格分包商，加强与业主沟通。

（8）成本风险。

1）风险因素：预算编制不合理，成本控制体系缺失，成本过程监控缺失，工程变更，工程量估算风险，市场价格波动，施工方案不当，安全环保特殊要求，投标失误，设计失误，地质变化。

2）应对与响应措施：以设计优化为龙头，建立健全成本管理体系；建立健全变更管理制度；科学安排采购；评审施工方案；购买保险；加强地质勘探。

（9）集成化管理风险。

1）风险因素：设计、施工、采购、试运行一体化风险，设计与施工工作界面衔接风险。

2）应对与响应措施：合理确定总承包工作界面，科学界定工作界面的责权利，科学策划设计、施工、采购、试运行的集成方法，保证接口环节的利益平衡。

工程总承包项目经理应当严格按照项目风险管理计划开展风险管理工作，并对风险管理计划的更新与修订负责。

15.4 风 险 控 制

1. 工程总承包项目风险控制内容

工程总承包项目风险控制的内容包括风险监控和风险管理解决。

（1）以重大风险、重大事件和重大决策、重要管理以及业务流程为重点，对风险管理信息、风险评估、风险管理策略、关键控制活动以及风险管理解决方案的实施情况进行控制。

（2）定期对风险管理工作实施情况和有效性进行检查和检验，对跨部门的风险管理解决方案进行评价，提出调整或者改进建议，根据需求出具评价和建议报告。

2. 风险监控

（1）风险监控的主要工作。

1）重新检查风险，严密监控重大风险状况。

2）检查重大风险管理解决方案的执行情况，确保管理解决方案的有效性。

3）检查非重大风险的应对措施执行情况，确保应对措施的有效性。

4）关注已发生的风险采取应对措施处理的情况，分析造成的后果以及损失。

5）排除已完全消除的风险。

6）识别新出现的风险事件。

7）重新评估风险的优先次序。

8）定期分析已制定的风险管理策略的有效性和合理性，重点检查风险控制警戒线实施的结果是否有效。

（2）风险监控信息沟通。项目应定期组织沟通活动，沟通内容应有：

1）项目风险的状况评审。

2）项目风险应对措施的情况评审。

3）新风险的识别、评估、应对与责任划分。

3. 项目风险管理解决

项目应及时实施项目管理解决，包括项目重大风险管理解决和非重大风险管理解决。

（1）项目重大风险管理解决。

1）项目须组织重大风险管理解决方案的实施，内容应包括：风险解决的具体目标，所需的组织领导，所涉及的管理及业务流程，所需的条件，手段等资源，风险事件发生前、中、后所采取的具体应对措施以及风险管理工具。

2）项目应评估风险管理解决方案的可行性，有效性。

3）项目应将重大风险管理解决方案登记在重大风险登记表中。

（2）非重大风险管理解决。

1）项目可确定非重大风险管理责任矩阵。

2）项目应分析非重大风险管理解决的需求，并评估风险应对措施的可行性，有效性。

4. 项目应及时实施项目风险登记表的登记与更新

项目风险登记表内容应包括：

（1）风险编号。

（2）风险类别。

（3）报告日期。

（4）风险描述。

（5）发生可能性，风险的后果，风险损失。

（6）风险发生条件，风险预警线。

（7）风险应对措施（风险管理解决方案）。

（8）方案实施开始日期，方案实施结束日期 。

（9）负责人。

（10）目前情况。

（11）紧急预案。

（12）实施紧急预案的触发条件。

15.5 风险管理工作评价

（1）项目应及时实施风险数据的统计，进行项目风险管理工作评价。项目风险管理工作评价由项目经理主持实施。项目风险管理工作评价宜在每年度末和项目结束时进行。

（2）项目风险管理工作评价可包括如下内容：

1）对风险数据的统计，主要是风险可能性，损失程度，已发生风险的比例，风险总数。

2）对风险处理进行总结，应包括：

①对发生的风险分析原因，以及应对措施的有效性，总结其造成的后果和损失。

②风险应对措施是否按计划进行，对未按计划进行的进行分析总结。

③总结风险应对措施的合理性与有效性，提出改进建议。

3）对未能预见但发生的风险进行分析总结。

4）列出建议纳入企业总承包项目风险列表的风险。

（3）项目风险管理工作评价结果应该及时形成文件并与项目相关方沟通，需要时及时实施改进。

参 考 文 献

［1］中国工程建设项目管理委员会．中国工程项目管理知识体系．北京：中国建筑工业出版社，2012.

［2］林知严．工程项目经理实务．上海：上海科学技术出版社，1988.

［3］国家标准．建设工程项目管理规范．建设部，2006.

［4］国家标准．建设工程项目总承包管理规范．建设部，2005.

［5］中国建筑业协会工程项目管理委员会．工程总承包项目管理实务．北京：中国建筑工业出版社，2008.

［6］中国建筑工程总公司．工程项目总承包管理．北京：建筑工业出版社，2006.